Sonderabdruck in Buchform erscheint bei
Karl J. Trübner in Straßburg.

KULTUS DER ZAIDITEN

VON

R. STROTHMANN

BEILAGE ZUM JAHRESBERICHT DER
KÖNIGL. LANDESSCHULE PFORTA

STRASSBURG
VERLAG VON KARL J. TRÜBNER
1912

1912. Pr. Nr. 348.

INHALT

Einleitung.

Neben allen Nöten, die die Hohe Pforte von außen her bedrängen, bleiben die alten inneren Schwierigkeiten auf dem eigenen Boden des Islâm, zumal in seinem Mutterlande, eine stete Gefahr. Arabien hat zu allen Zeiten den verschiedenen sich ablösenden muslimischen Großmächten denselben Widerstand entgegengesetzt, den schon die altorientalischen Weltreiche und das römische Imperium erfahren hatten. Die Unzugänglichkeit der Halbinsel als eines Ganzen, sowie der einzelnen durch unbewohnte Strecken voneinander getrennten kulturfähigen Gebiete hat in politischer Hinsicht die Bewohner mehr zu patriarchalischem Unabhängigkeitssinn als zur Fähigkeit für eine große Einheit erzogen und bot in religiös bewegten Zeiten den mit dem offiziellen Islâm Unzufriedenen oder von ihm Verfolgten willkommene Zuflucht. Zurzeit zeigt das politische Bild des Landes im großen folgende Züge: Im Südosten, in ʿOmân, führen ibâḍitische Ḫâriǵiten (s. S. 3) bereits seit Ausgang der Umaijadenzeit, gegen 130/747 f., ein wechselvolles Sonderdasein unter eigenen Saijid, die in der ersten Hälfte des vorigen Jahrhunderts auch Herren von Zanzibar und Sokotra waren, aber seit 1888 gänzlich unter englischem Einfluß stehen. Im Hinterland von Ḥaḍramaut im Süden, das von seiner spärlichen Bevölkerung noch eine hohe Zahl Auswanderer stellt, sind die bekannteren Orte wie Šibâm und Tarîm die Mittelpunkte von locker gefügten Kleinstaaten. Im inneren Hochland, dem Naǵd, wacht um ar Rijâḍ die Sekte der Wahhâbiten, die sich in der Mitte des 18. Jahrhunderts zu Restauratoren der reinen Lehre und des gesetzmäßigen Wandels aufwarfen und auf ihren Kriegszügen — halb Hussiten, halb Josia gegen Bethel — i. J. 1803 sogar Mekka für kurze Zeit eroberten, eifersüchtig über die Reste ihrer einstigen Größe. Noch i. J. 1904/5 erwehrten sie sich im Verein mit dem Šaiḫ von Kuwait an der äußersten Nordostecke, am Persischen Golf, ihres nördlichen Nachbars, des Fürsten der Šammar zu Ḥâʾil, der, aber als durchaus selbständiger Verbündeter, auf seiten des türkischen Emîr stand. So ist, obwohl Konstantinopel die Herrschaft über ganz Arabien beansprucht, abgesehen von dem Nordrand am Persischen Golf, dem Sandschâq al Aḥsâ', das aber administrativ zum babylonischen Wilâjet Başra gehört, nur die Westküste türkisch zu nennen. Ihre größere nördliche Hälfte, das Wilâjet Ḥiǵâz, hofft das Sultanat durch die im Bau begriffene Mekkabahn enger an sich zu ketten. Stets aber wird, wenigstens für Mekka selbst, auf den Šarîfen, den einheimischen Fürsten aus der Nachkommenschaft des Propheten, Rücksicht zu nehmen sein. Die kleinere südliche Hälfte, etwa in der Ausdehnung der gegenüberliegenden italienischen Kolonie Eritrea, umfaßt das Wilâjet Jemen. Hier herrscht seit langem Kriegszustand, der selbst jetzt, wo durch den Krieg mit einer europäischen Macht eine sammelnde Regierungsparole gewonnen ist, nicht völlig behoben erscheint. Zwei Namen von Aufständischen drangen in den letzten Jahren häufiger zu uns. Es sind die Benû 'Asîr unter dem Šaiḫ Idrîs und die Zaiditen unter dem Imâm Jaḥjâ. Das Bergland von 'Asîr an der Grenze nach dem Ḥiǵâz hat sich schon einmal in der neueren Geschichte einen Namen gemacht. Dort versagte die Kriegskunst des bekannten Statthalters von Egypten, Muḥammad 'Alî. Nach mehr als zehnjährigem Kampfe ließ er i. J. 1837 den Versuch zur Unterwerfung aufgeben, kurz bevor i. J. 1839 'Aden von den Engländern besetzt wurde, die neuestens i. J. 1905 durch eine förmliche Grenzregulierung das Gebiet von 'Aden bis Nord-'Omân, also Süd-Ḥaḍramaut, ihrer Interessensphäre zuschreiben ließen, während Perim im Roten Meer und die Baḥrain-Inseln vor al Aḥsâ' bereits länger in ihrem Besitz sind. Ungefähr auf der Mitte zwischen 'Aden und 'Asîr liegt in einer Entfernung von etwa 180 km vom Hafenort Ḥodaida in über 2200 m Meereshöhe der Hauptplatz von Jemen Şan'â'. Es zählt nach freilich nicht gesicherter Schätzung gegen 40 000 Einwohner. Hier ist der Sitz des Imâm der Zaiditen.

Die Zaiditen sind ein Zweig der Šî'iten, d. h. Parteiler, die nur den 'Alî und seine Nachkommen von der Prophetentochter Fâṭima als legitime Chalifen anerkennen. Eine 'alidische Frage gibt es seit dem Tode des zweiten Chalifen 'Omar 23/644, als 'Alî in aussichtsvoller Kandidatur neben 'Oṯmân auf der Liste stand. Sie wurde verschärft, als i. J. 35/656 der nun gewählte 'Alî wegen seiner zweifelhaften Haltung bei der Ermordung 'Oṯmân's von den Freunden des toten Chalifen der Mitschuld geziehen wurde. Sie schrieb sich während des kurzen Chalifates von 'Alî mit Blut in die islâmische Geschichte ein. Schon nach einem halben Jahr kämpften zum erstenmal Muslime gegen Muslime, besiegte 'Alî eine Gruppe alter Mekkaner Aristokraten und Gefährten des Propheten, die sich um 'Â'iša, Muḥammad's Lieblingsgemahlin und Tochter des ersten Chalifen Abû Bekr, gesammelt hatten, in der Schlacht von Ḫoraiba, gewöhnlich Kamelschlacht genannt, weil die »Mutter der Gläubigen« von ihrer hart umkämpften Kamelsänfte aus persönlich den Kampf mitleitete. Im folgenden Jahre, 37/657, stand ʿAlî bei Ṣiffîn gegen den Verwandten und Rächer ʿOṯmân's, Muʿâwija, der bald ʿAlî's Nachfolger werden sollte, als erster Chalif aus der Dynastie der Umaijaden von Damaskus; dann, 38/658, ʿAlî bei Nahrawân gegen die Abtrünnigen aus dem eigenen Heere, die Ḫâriǵiten, denen aus dem Abscheu vor der Behandlung der heiligen Chalifenfrage als einer reinen Kriegerfrage und nach dem unentschiedenen Ausgang der Ṣiffînschlacht gar als einer bloßen Diplomatensache puritanischer Independentismus erwachsen war. Neue Motive erhielt der Šîʿitismus, als zum Mißerfolg das Martyrium hinzukam. 40/661 fiel ʿAlî durch Meuchelmord eines Ḫâriǵiten in seiner Hauptstadt Kûfa am unteren Euphrat. Und wenn auch sein ältester Sohn von der Fâṭima, al Ḥasan, ein indolenter Genießer, sich von al Muʿâwija durch Geld beruhigen ließ, so machte der jüngere al Ḥusain alles wieder gut, als er i. J. 61/680 seinem abenteuerlichen Unternehmen, der schon gefestigten Macht der Umaijaden das Reich des Vaters zu entreißen, zum Opfer fiel und den Ort Kerbelâ nördlich von Kûfa durch seinen Tod zum šîʿitischen Mekka weihte. Wie zugkräftig die Parole »Haus ʿAlî« zu allen Zeiten war, wird am besten dadurch erläutert, daß immer wieder politische Abenteurer zur besseren Erreichung ihres Zieles mit fingiertem ʿalidischen Stammbaum auftraten. So besteht z. B. starker Verdacht, oder zum mindesten fanden die Gegner bezeichnenderweise Glauben mit der Behauptung, daß der Ahnherr der Fâṭimiden, von 358/969 bis 567/1171 Herren von Egypten, der Sprößling eines persischen Augenarztes sei. Auch der Stammvater der ersten persischen Dynastie nach der Mongolenzeit, der Ṣafawiden, von 907/1501 bis 1135/1722, half seinem Derwischruhm durch den Anspruch, daß das heilige Blut in seinen Adern fließe, nach. Zugleich traten beide als Mahdî auf. Denn die šîʿitische Idee beschränkte sich nicht auf das politische Gebiet. Sie hielt auch da und erst recht da stand, wo allzu unbefriedigende staatliche Diesseitsverhältnisse ein transzendent-religiöses Komplement erforderten. Šîʿitenkreise haben den Islâm mit messianischen Ideen überwuchert, die gerade bei der Richtung, die wir gewöhnlich als Šîʿa bezeichnen, der persischen Imâmîja, den ursprünglichen Kerngedanken »Herrschaft des Hauses ʿAlî« beiseite geschoben haben. Denn die derzeitigen Šâh sind türkische Kadscharen. Das Šîʿitische ist nur mehr in dem Dogma erhalten, daß sie die Regierung nur in Vertretung und nur bis zur Wiederkunft des vor mehr als 1000 Jahren verschwundenen 12. ʿalidischen Imâm zu führen haben [1]). Viel reiner haben die Zaiditen, deren förmliche Scheidung von der übrigen Šîʿa in das Jahr 122/740 fällt, das ursprüngliche Programm bewahrt und in die Tat umgesetzt. Es war im Jahre 288/901, da zog Hâdî Jaḥjâ b. al Ḥusain aus der Linie al Ḥasan als erster Zaiditenimâm in Ṣanʿâʾ ein. Sie ist uralter Kulturboden, diese »älteste Stadt der Welt«, wie sie von Jemeniten gern genannt wird. In der letzten vorislâmischen Zeit war sie Sitz des Statthalters der persischen Sassaniden gewesen. Die zaiditische Herrschaft reichte zeitweilig im Süden bis Ẓafâr, der alten ḥimjaritischen Hauptstadt, von wo aus im 4. Jahrhundert n. Chr. abessinisches Christentum, dem in der ersten Hälfte des 6. Jahrhunderts abessinische Herrschaft folgte, Eingang in Jemen gefunden hatte. Sie griff nach Osten über das ehemalige Gebiet des alten Sabäerreiches hinaus und über das alte Minäerland nach Naǵrân im Nordosten, das vor Muḥammad Hauptsitz der Christen, zeitweilig freilich einheimischen Fürsten mosaischen Glaubens untertan gewesen war. Im Norden war die Bergfeste Ṣaʿda der Hauptstützpunkt, im Westen der Zugang zum Meere das natürliche Ziel. Minäisch-sabäisches Heidentum, abessinische und persische Einflüsse, Judentum und Christentum: mannigfache kulturelle und religiöse Schichten, über die sich der Islâm gelagert hatte, dessen Bau nun von den Zaiditen entsprechend geändert wurde. Öfters freilich wurde ihnen auf Zeiten die Selbständigkeit genommen oder auf ein Minimum beschränkt, so, um nur einige Beispiele zu nennen, von den Aijûbiden unter Ṣal(âḥ)addîn 569/1133 und den ʿOṯmânen unter Selîm I. 923/1517. Die letzte größere Periode ihrer Autonomie datiert von etwa 1043/1633. Aber gleich nach der Eröffnung des Suezkanals machte die Pforte neue Anstrengungen, und seit 1872, d. i. genau ein muslimisches Jahrtausend nach dem Einzug des ersten Jaḥjâ, residiert wieder ein türkischer Pascha in Ṣanʿâʾ. So hat z. Zt. der Zaiditenimâm die Stellung eines mediatisierten Kirchenfürsten unter einem Herrscher zwar derselben Religion, aber einer anderen Denomination, welcher farblose Ausdruck hier einstweilen absichtlich gebraucht wird. Zur Bewertung des Zaidismus als einer auch religiös gesonderten Gemeinschaft werde hier das wesentliche Unterscheidungsmaterial vorgelegt.

---

[1]) Vgl. die neue Staatsverfassungsurkunde, den Aufruf der Revolutionspartei vom Oktober 1908 und das Dokument zur Zurückziehung der Konstitution in der *Revue du monde musulman* VI und VII bei I. Goldziher, *Vorlesungen über den Islam*, Heidelberg 1910 S. 233, 270 f.

Kapitel 1.

Die zaiditische Frage nach Verfassung, Dogma und Kultus.

Das zaiditische Problem schürzt sich aus dem durch die Vorgeschichte bedingten gemeinšî'itischen Gegensatz zum sonstigen Islâm und einer scharfen Reaktion gegen gewisse charakteristische šî'itische Konsequenzen. Es ist nun bedauerlich und ist oft bedauert worden, daß wir für die Bezeichnung der beiden muḥammedanischen Hauptgruppen kein einheitliches Einteilungsprinzip haben. Denn auf Sunna, Tradition, werden wir im folgenden die Šî'iten sich ebensogut berufen sehen wie die Sunniten. Noch bedauerlicher ist ein alter europäischer Vergleich, den neuestens SELIM KHAN KEUN DE HOEGERWOERD [1]) in dem vielleicht begreiflichen Bestreben, seinen, den persischen, Standpunkt als liberal zu empfehlen, wieder aufgenommen hat: die Sunniten seien die Katholiken, die Šî'iten die Protestanten des Islâm. Die Heillosigkeit dieser unglücklichen Gleichung wird dadurch nicht behoben, daß man sie schon seit dem 17. Jahrhundert mit etwas mehr Recht umgedreht hat [2]). Denn mag man auch in der Verfassungsfrage bei den 'alidischen Imâmen am ersten an Päpste denken — Pontifikalcharakter haben die Chalifen ebenso beansprucht, und die persischen Imâme haben niemals pontifiziert. Gewiß, sie sind zu Heiligen geworden — aber Heilige sind den Sunniten durchaus nicht unbekannt. Daß es aber gerade die Imâme werden sollen, ist im höchsten Grade unkatholisch. Niemand wird deswegen in die himmlische Hierarchie versetzt, weil er einmal auf Erden den Amtstitel »Heiliger Vater« führte. Im Gegenteil ist es allein echt katholisch, jede dogmatische Forderung der persönlichen Frömmigkeit oder gar Sündlosigkeit des Pontifizierenden strikte abzulehnen (s. unten

[1]) *Kritische Studien zur Einführung in das Recht des Islam*, Erlangen 1901, S. 13 no. 3 gegen J. E. POLAK, *Persien. Das Land und seine Bewohner*. Leipzig 1865, Bd. I, S. 320 f.

[2]) CHARDIN bei A. MÜLLER, *Der Islam*. Berlin 1885 und 1887. Bd. II, S. 12 no. 3.

Kap. 6). Und wenn man es auch nicht zu stark unterstreichen will, daß nach der kanonischen Theorie selbst jeder einwandfreie katholische Laie Papst werden darf, so kann es doch nichts Unkatholischeres geben als die Beschränkung der höchsten Würde auf eine bestimmte Dynastie. Vielmehr ließe sich da, wo sie zur historischen Tatsache wurde, bei unseren Zaiditen, zur Not noch der Vergleich mit der protestantischen Erscheinung des landeskirchlichen Summepiskopates durchführen. Doch die Verfassung allein kann überhaupt die Frage nicht beantworten, ob die Zaiditen eine besondere Religionsgemeinschaft darstellen. Sie berechtigt nur, sie vom Standpunkt der Sunniten aus für Schismatiker zu erklären, und zwar nicht im Sinne des schisma haereticum, sondern nur des schisma purum, da keine Institution des Islâm, sondern nur Personen verworfen werden.

Kann die Frage auf Grund der Dogmatik entschieden werden? Anscheinend eher; denn die Zaiditen sind wie die übrigen Šîʿiten Muʿtaziliten, d. h. sie leugnen die Körperlichkeit (nicht die Persönlichkeit) Gottes, die göttliche Vorherbestimmung und die Präexistenz des Wortes Gottes (eine Übertragung der christlichen Logoslehre auf den Qorʾân.) Daß zur Würdigung dieser Sätze als hinreichender Merkmale des Konfessionalismus der Vergleich von Protestanten und Katholiken nichts verschlägt, bedarf nicht der einzelnen Belege. Am ersten wäre er noch bei der zweiten Kontroverse durchzuführen, aber das semipelagianische Rom erkennt in Augustin immer noch den konsequentesten Prädestinatianer als doctor ecclesiae an, und anderseits ist die Vorherbestimmung nicht einmal in allen Bekenntnissen kalvinischer Observanz Dogma. Solchem Ineinander-Übergreifen hier entspricht es auch drüben, daß Muʿtazilitismus und Šîʿitismus sich nicht decken, daß jener unabhängig von diesem entstanden ist und vertreten wird. Die alten zaiditischen Autoritäten sind sich durchaus bewußt, mit ihrem Rationalismus keine šîʿitische Sonderposition zu vertreten. Das drückt sich auch sehr wohltuend darin aus, daß sie ihn nicht wie vielfach die Imâmiten als eine Offenbarung der alten Imâme hinstellen, sondern trotz des begreiflichen Bestrebens, seine Ideen auch den Vätern anzudichten, einem Wâṣil b. ʿAṭâ nicht allen Urheberruhm nehmen. Zudem erfolgte die reinliche Scheidung in einer zu langsamen natürlichen Entwicklung, als daß diese Dogmen gerade in den Kampfesjahren das nötige faßliche, klare religiöse Schibboleth hätten abgeben können. Volle 100 Jahre nach Zaid war sogar der Muʿtazilitismus offizielle Religion des sunnitischen Staates während mehrerer Jahrzehnte, und umgekehrt wird uns in Sulaimân b. Ǵarîr ein führender Zaidit genannt, der die krasseste Prädestination lehrte [1]). Und als dann die Sonderung sich ganz vollzog, hatten beide theologischen Anschauungen so stark aufeinander abgefärbt, daß innerhalb der Orthodoxie mehreren Richtungen nebeneinander Bürgerrecht gewährt werden mußte, die ebensoweit voneinander divergierten, wie die gemäßigte von der gemäßigten Dogmatik der Zaiditen. Gern machen diese sogar von der Hilfe solcher Nachbarn Gebrauch, wenn ihnen im eigenen Hause der Rationalismus über den Kopf zu wachsen droht. Das zeigte sich vor allem gelegentlich des andernorts [2]) angedeuteten Streites mit den Muṭarrifiten. Hier nur ein ergänzendes Beispiel aus dem populärsten Dogmenstreit: über die Lehre vom Qor'ân. Die Muṭarrifiten waren, soweit wir aus den knappen gegnerischen Andeutungen entnehmen können, wahrscheinlich unter dem Einfluß einer Art griechischer Ideenlehre, in der Logostheorie zu einer Dyoprosopie mit voller Scheidung der beiden Naturen gelangt: der sichtbare Qor'ân sei Muḥammad's Werk und die Rezitation des Lesers Wort; der τύπος, der Erhabene Qor'ân, dagegen ein göttliches Accidens, für das die Frage, ob uranfänglich, ob in der Zeit entstanden, abzulehnen sei. Die Beziehung zwischen den beiden Naturen scheinen sie doketisch aufgefaßt zu haben, in der Weise, daß der ἄνω λόγος gar nicht in das κένωμα hinabsteigt, sondern an einem Aeōn des πλήρωμα gebunden bleibt, wenn es bei ihnen heißt: »der [3]) (himmlische) Qor'ân ist nicht zu uns gekommen, nicht bis zu uns gelangt, sondern ist im Herzen des Engels Michael.« Im klassischen orthodoxen Tenor werden dem die zaiditischen Thesen gegenübergestellt: »dies, was in den Gebetsnischen vorgelesen wird, ...das ist der Erhabene Qor'ân«,

[1]) S. mein *Staatsrecht der Zaiditen* Straßburg 1912. S. 34.

[2]) »Der Islam« II. 1911. S. 68 f.

[3]) *'Aqâ'id ahl al bait war radd 'alâ 'l Muṭarrifîja*, vor 8. Jahrh. H. Berl. 10292. Vgl. ma'rifa 19, fol. 175 b, ult. ff. قال اهل الاسلام كافّة ان القران قد اتانا وبلّغه رسول الله صلعم الينا وقالت المطرّفيّة ان القران ما اتانا ولا بلغ الينا لكنّه فى قلب ملك يقال له ميكائيل; ma'rifa ٢١, fol. 176 b; قال اهل الاسلام كافّة ان هذا المتلوّ بين المسلمين هو كلام ربّ العالمين وقالت المطرّفيّة ليس بكلام ربّ العالمين وانما هو كلام من نطق به من القارئين, ma'rifa ٢٥, fol. 178 a; قال اهل الاسلام كافّة ان هذا القران المتلوّ فى المحاريب من احداث الله وانشائه وقالت المطرّفيّة بل هو من فعل محمّد وانشائه ma'rifa ٨١, fol. 200 b; قال اهل الاسلام كافّة ان القران محدث وقالت المطرّفيّة ان القران ليس بمحدث ولا قديم ومع ذلك هو عرض من الاعراض

ist »von Gottes Schöpfung und Erzeugung«. Im Eifer wird sogar gegenüber jenem Accidens völlig der Unterschied gegen die Orthodoxen ignoriert: »Es lehren die Männer des Islâm insgesamt, daß der Qor'ân in der Zeit entstanden ist«. Ganz darf es auch nicht übersehen werden, daß in jüngerer Zeit gerade ein Zaidit den Versuch gemacht hat, zwischen der gemäßigteren scholastischen Orthodoxie und dem ebenso scholastischen Rationalismus eine Brücke zu schlagen [1]).

Aber ein einzelner wohlmeinender Gelehrter kann solche Brücken nicht schlagen. Es bleibt dabei: Ihr habt einen anderen Geist. Und wir werden andernorts die trennende Wirkung des theologischen Unterschiedes bis in das bürgerliche Rechtsleben zu spüren Gelegenheit haben. Aber trotz aller oder vielmehr eben wegen voller Würdigung jedes Glaubensinhaltes (und der will doch auch in seiner verzerrtesten Form noch ein Stück suchender Weltanschauung sein) als Binders oder Lösers religiöser Gemeinschaften wäre es eine Verkennung ihres volkstümlichen Charakters, wollte man sie im wesentlichen durch dogmatische Richtlinien umgrenzen. Zu dem 'Wie dünkt euch um Gott?' tritt das 'Wie — man gestatte einmal den Ausdruck — kommt ihr an ihn heran?' Zwei Antworten sind von den monotheistischen Religionen darauf gegeben worden: es geschehe durch eine Gesamtlebensführung, die durch einen nach dem vorgestellten Gott orientierten Willen geleitet und von einer auf ihn abgetönten Seelenstimmung begleitet sei, und durch die Beobachtung einer Summe von einzelnen als von Gott vorgeschriebenen Handlungen. Zwischen den beiden Extremen, die nur in dem einen oder anderen das Wesen der Gottesverehrung erkennen, gibt es eine mannigfache Abstufung von Kombinationen. Wo aber überhaupt wie im Islâm das letztere als ein wesentlicher Bestandteil mit aufgenommen wird, liegt, weil jede Kirche die sichtbare Projektion einer Gemeinschaft der Seelen ist, die Tendenz nahe, dies Augenfällige und Kontrollierbare als das Wesentliche in den Vordergrund zu stellen, da es sich in ganz anderem Maße als die intellektuellen Glaubensvorstellungen oder die Herzens- und Lebenswerte zum Kriterium und Symbolon eignet. Ein Beispiel: Sicher ist das sola fide das Grundmotiv der Reformation. Ganz falsch aber wäre es, daraus den Schluß zu ziehen, daß sich nun der Protestant und der Katholik am ehesten an der verschiedenen Auffassung des gegenseitigen Verhältnisses von Glauben und guten Werken erkännten. Woran sie sich aber erkennen, das ist: ob Rosenkranz oder nicht, ob Abendmahl sub utraque oder sub una, ob Fasten, ob Wallfahrt. Ja

[1]) »Der Islam« II. S. 69 ff. zu Muḥammad b. Ibrâhîm b. al Murtaḍâ b. al Hâdî b. al Wazîr (gest. 840/1435), *îṯâr al ḥaqq 'alâ 'l ḫalq*, Cairo 1318.

mehr: nicht das steht unter ihnen zur Debatte, ob die »Heilstatsache« des Todes Christi in steter Wirksamkeit erhalten werden könne, sondern wie das zu geschehen habe: durch ein erneuerndes Opfer oder nicht. Nicht die religiöse Heldenverehrung an sich ist Gegenstand der Kontroverse, auch die verschiedene Zahl macht noch keinen qualitativen Unterschied, und anderseits müssen sich die verschiedenartigsten Helden, mannigfache Lokal- und Standespatrone, innerhalb Einer Kircheneinheit vertragen, gleichen sich an und leihen gewisse Züge unter sich und über die Grenze aus. Was aber sondert, ist das Maß der Kultbedürftigkeit, die ihrerseits gestaltend auf das Objekt zurückwirkt, ist die Form der Verehrung: ob man etwa zu dem toten Paulus nur als einem religiösen Genius und »auserwählten Rüstzeug« mit mehr oder minder starker Betonung seiner Autorität aufblickt, oder ob man ihn anruft — ein lebendiger Helfer ist er beiden. Wenn es nicht so selbstverständlich klänge, könnte man definieren: eine Kirche, eine sichtbare Religionsgemeinschaft, besteht da, wo die Religion sich in einem gemeinsamen »darstellenden Handeln« (Schleiermacher) äußern kann, wo eine gemeinsame Form der Gottesverehrung, ein bestimmt geregelter K u l t u s geschaffen ist, und wo die im Gottesdienst gipfelnde Zusammengehörigkeit auch durch religiös begründete Gebräuche des Alltags- und Privatlebens, den Ritus im weiteren Sinne, gefördert oder zum mindesten nicht durch entgegenstehende gehindert wird. Es ist schon rein psychologisch unmöglich, daß die zur Form gehörende Formel in jedem Glied genau dieselben Begriffsvorstellungen auslöst. Somit läßt sich der Gottesdienst gar nicht ohne Gefahr aus der kultischen in die rein dogmatische Sphäre hinüberleiten. Selbst die auf den ersten Blick so kultlosen protestantischen gottesdienstlichen Versammlungen sind im besten Sinne durch und durch kultisch. »Sacrificium laudis«[1]) nannte einer ihrer Begründer die Predigt, als »eitel Lob und Dank«[2]) nahm er das Apostolikum auf.

Gegen solche Betonung der kultischen Formen ließe sich vielleicht einwenden, sie seien nur der Ausdruck des Dogmas. Das gilt, soweit uns überhaupt Einblick in die geschichtliche Entwicklung möglich ist, nur mit starker Einschränkung. Die Messe ist älter als die Transsubstantiationslehre, Heilige wurden eher verehrt, als es Lehrsätze de cultu sanctorum gab, die Taufe ist gefeiert, bevor das ἐν ὀνόματι sich zur regula fidei entfaltet hatte. Und nirgends ist der Vollgehalt des Kultus in das begriffliche Lehrgebäude restlos übergegangen. Selbst bei der genauesten Kenntnis der Weltanschauung und aller

[1]) LUTHER, Erl. Ausg.[2] IV, 496 f.

[2]) Ders., Erl. Ausg. XXIII, 191.

einzelnen Lehren einer Religionsgemeinde wird man sich von den Ausdrucksformen ihres religiösen Lebens noch keinerlei klares Bild machen können. Es bleibt da immer etwas Inkommensurables, Irrationales, ein Unbewußtes. Und das Unbewußte hat zum mindesten den Reiz und Vorzug des Unbefangenen. So könnte es denn auch hier, vom Mythus auf die Theologie übertragen, gelten: »der Kultus bewahrt ... viel reiner die Tatsache der wirklichen Religiosität als der Mythus«[1]). Darin aber liegt die kirchenbildende und somit kirchentrennende Kraft des Kultus, daß er auch in der sublimsten und in der verzerrten Form seiner Grundidee nach das ist, was der Erforscher der religiösen Psyche bei den Semiten, ROBERTSON SMITH[2]), als die »sakramentale Gemeinschaft« der Gläubigen und das »lebendige Band zwischen ihnen und ihrem Gott« bezeichnete.

[1]) A. DIETERICH, *Eine Mithrasliturgie*[2]. Leipzig-Berlin 1910. S. 95.

[2]) *Lectures on the Religion of the Semites*[2]. London 1894, S. 439.

Kapitel 2.

Differenzierungsmöglichkeiten im islâmischen Kultus.

Wenn die Vorbedingung jeder Beurteilung der Versuch ist, die Dinge aus ihrem Milieu heraus zu begreifen, dann mußte die umgrenzende Bedeutung des Kultus hier stark unterstrichen werden, um überhaupt eine Perspektive zu gewinnen, den echt ritualistischen Islâm islâmisch zu verstehen, und um so stärker, je weniger für unsern Blick die trennenden Unterschiede dort im Verhältnis stehen zu dem heftigen Streit und der gewaltigen Literatur, die sie hervorgebracht haben. Zugleich sollte der herangezogene Vergleich aus dem Europäischen einen Maßstab bilden für die Abmessung der innerislâmischen Abstände. Die Aussicht, daß man bei der Eingliederung des Zaidismus in das Gesamtbild des Islâm auf Besonderheiten stoßen werde, die hinreichende Merkmale etwa im Sinne unseres Konfessionalismus abgäben, erscheint von vornherein nicht groß, wenn man bedenkt, daß der Prophet selbst die religiösen Gebräuche geübt und im Qor'ân kanonisiert hat. So steht jedem Muslim fest, daß die kultische Verehrung Gottes zu geschehen habe durch die Beobachtung gewisser Waschungen zum Zweck der rituellen Reinheit, *ṭahâra*; eines Anbetungszeremonials, *ṣalât*; einer steuermäßig geregelten Wohltätigkeit, *zakât*; des Fastens, *ṣijâm* oder *ṣaum*; der Pilgerfahrt nach Mekka, *ḥaǵǵ*; sowie ritueller Bestimmungen über die Schlachtung, *ḏabîḥa*, und verbotene Speisen. Wie groß die Übereinstimmung ist, wird am besten durch eine literarische Bemerkung illustriert. Die Bestimmungen über diese Pflichten sind mit dem Familien- und Erbrecht, dem Sachen- und Obligationsrecht, den Prozeß- und Strafbestimmungen, mit Kriegs- und Verwaltungsfragen, mit Polizeivorschriften und gar Regeln des gesellschaftlichen Lebens Gegenstand der Wissenschaft des *fiqh*; ein Wort, das wir demnach durch einen genügend deckenden Ausdruck nicht wiedergeben können. Nun liegt die erdrückende Masse der Werke aus dieser bei den Muslimen bis zum heutigen Tage beliebtesten Disziplin in einer öden Gleichmäßigkeit vor. Schon die Reihenfolge, in der die einzelnen Materien abgehandelt werden, und die Anordnung innerhalb jedes Abschnittes ist nun bereits über 1000 Jahre und bei den verschiedenen Schulen so gut wie gleich. Der Student pflegt sie sich durch versus memoriales einzuprägen. Dabei ist diese Aufeinanderfolge nicht etwa innerlich begründet. Denn ihr »einen vernünftigen Anstrich zu geben«, ist auch den Argumenten von al Bâǵûrî, dem 1277/1861 verstorbenen ehemaligen Rektor der Cairiner Universität al Azhar, nicht gelungen [1]). Gewiß ist insoweit ein Prinzip zu erkennen, als die erste kleinere Hälfte jedes Kompendiums in 5 Büchern die kultischen »Säulen der Religion« behandelt: *ṭahâra*, *ṣalât*, *zakât*, *ṣijâm*, *ḥaǵǵ*. Um so auffälliger ist, daß die Schlachtungs- und Speisegesetze weit in den zweiten Teil unter die Fragen rein bürgerlichen Charakters verlegt werden, obgleich man sie gerade auch bei den Zaiditen, die in diesen Dingen religiös enger befangen sind, da suchen würde, wo man sie z. B. bei aš Šâfiʿî im *k. al umm* findet: nach dem *ḥaǵǵ*, vor dem Handelsrecht, oder bei Mâlik und Ḫalîl b. Isḥâq al Mâlikî, die im *muwaṭṭa'*, bzw. im *muḫtaṣar* zugleich den »hl. Krieg« mit an diese Stelle rücken. Freilich ließe sich die gewöhnliche Stellung von allen denen verteidigen, die für die Erklärung der Riten des häuslichen und privaten Lebens jenem Rationalismus huldigen, der bei uns einst von dem alten Göttinger JOH. DAV. MICHAELIS heimisch gemacht wurde durch *das Mosaische Recht* (Reutlingen 1785), dieses Standardwerk der Theorie von der Zweckmäßigkeit, praktischen Nützlichkeit und Allnatürlichkeit. Für solche rationalistische Entblätterung ließe sich noch anführen, daß der Prophet z. B. in den Speisevorschriften durchaus den aufgeklärten Liberalen macht und das Kriterium »wohlschmeckend« (Sûre 2, 163 ff., 7, 156) aufstellt unter ausdrücklichem Kampf gegen die abergläubischen altarabischen Sitten, »die Spuren des Satan« (Sûre 6, 143), und Aufhebung der jüdischen Verordnungen als zeitlich begrenzter pädagogischer »Straf«mittel (Sûre 4, 158 f.) [2]). Wenn man nun unter Berufung darauf die in Frage stehenden Bestimmungen im wesentlichen unter den Gesichtspunkt der guten Sitte und ästhetisch-zweckmäßigen Lebenshaltung stellen, oder sie etwa ins Ressort der Sanitätspolizei [3]) rücken, und demgemäß die religiösen Formeln bei dem Schächten nicht weiter würdigen wollte als etwa die

---

[1]) SNOUCK HURGRONJE in ZDMG. 53, 149.

[2]) Man wird an paulinische Würdigung des Gesetzes: παιδαγωγός Gal. 3, 24; στοιχεῖα τοῦ κόσμου Gal. 4, 3 und das παρεισῆλθεν Röm. 5, 20 erinnert. I. GOLDZIHER, *Vorlesungen* S. 13 deutet gnostisch-marcionitische Vermittelung an.

[3]) I. L. SAALSCHÜTZ, *Das Mosaische Recht mit Berücksichtigung des späteren jüdischen*, 1846, brachte die entsprechenden Dinge im Abschnitt 2 »Verwaltung, Polizei«.

in Kauf- und Kontraktformularen, so bliebe an der Anordnung immer noch das auffällig, daß die Vorschriften über das Opfer am »Großen Fest« während des *ḥaǵǵ* auf Grund eines rein äußerlichen tertium comparationis an die Schlacht- und Jagdkapitel herantreten und somit mitten unter die bürgerlichen Dinge eingereiht werden.

Der Schematismus der Anordnung mag schon ahnen lassen, daß auch das Wie des Rituale wenig Variationen zeigt. Der Islâm ermangelt zu sehr der Originalität, als daß er lange um den Ausdruck seiner Religiosität hätte ringen müssen. Altes Arabertum, Ṣâbierart, Parsismus, jüdisches und christliches Wesen mancherlei Observanz waren auch hier die Lehrer in Vorbild und Gegenbild. Für das alte Arabertum verstand sich letzteres von selbst, sollte es doch aus der »Unwissenheit« herausgehoben werden. Aber auch je mehr dem Propheten klar wurde, daß Juden und Christen in ihm nicht den Wiederhersteller der echten Religion der Abraham-Mose-Jesu anerkennen wollten, mußte er von ihnen abrücken und ihre Formen als verderbt verwerfen. Er wurde sichtender Eklektiker. Es galt nicht nur Zeremonien auszuwählen, sondern auch unterscheidende Ausführungsbestimmungen zu treffen, nicht nur Fasten überhaupt anzuordnen (Sûre 2, 179), sondern, wie in Sûre 2, 181 bezüglich des Monates Ramaḍân geschieht, besondere Fastzeiten einzuführen, oder den bestimmten Wochentag Freitag für den gemeinsamen Gottesdienst herauszuheben (Sûre 62, 9), oder die übernommene [1]) Gebetsrichtung nach Jerusalem durch eine besondere islâmische nach Mekka zu ersetzen (Sûre 2, 136 ff.). Freilich enthält der Qor'ân durchaus nicht ein lückenloses Zeremonialsystem, nur Einzelbestimmungen, bei Gelegenheit, oft auf Anfrage hin getroffen. Doch man lese etwa Sûre 5, 8. 9, über die Waschung: »O ihr, die ihr gläubig geworden seid, wenn ihr euch zur *ṣalât* anschickt, so waschet eure Angesichter und eure Hände bis zu den Ellbogen und reibt über eure Köpfe und eure Füße bis zu den Knöcheln. Wenn ihr aber seminis effluxu polluti seid, so reinigt euch. Seid ihr aber krank oder auf Reisen, oder es kommt jemand von euch e secessu, oder ihr habt die Frauen berührt und ihr findet kein Wasser, so bedient euch reinen Feinsandes und reibt damit über eure Gesichter und Hände.« Das ist alles so spezialisiert, gibt die Anlässe zur Reinigung an, ihre verschiedenen Formen, den Verlauf und sogar Ausnahmebestimmungen für den Notfall, so daß der Rückschluß gestattet ist, auch da, wo der Qor'ân nicht so ins einzelne geht, habe der Prophet durch seine Praxis und sein anordnendes Wort ein Beispiel gegeben, das bis ins

---

[1]) Vgl. Daniel 6, 11.

Detail den Gläubigen für immer zum Gesetz wurde. Diese Praxis aber und dies Wort machen als *fiʿl* und *qaul*, zu denen als drittes noch das *sukût* oder *taqrîr* kommt, das, was der Prophet bei anderen billigte, die Sunna (eig. den Weg, die Handlungsweise Muḥammad's) aus. Qor'ân und Sunna sind die eigentlichen materialen Grundlagen des *fiqh* nach der Behauptung des gesamten Islâm. Das hat eine sehr verderbliche Folge gehabt. Ebensowenig wie die bürgerlichen und sozialen Verhältnisse des muslimischen Weltreiches nach den Ideen des enghorizontigen Araberpropheten geregelt werden konnten, stand mit seinem Tode die Ausbildung des Ritus still. Kärrner sind eine Naturerscheinung, und zwar eine notwendige. Der Qor'ân bestand freilich war — von kleinen Interpolationen abgesehen — nicht zu ändern. Aber Sunnasätze, *ḥadîṯe*, wurden nach allen Regeln der einschlägigen Kunst erfunden, d. h. man berief sich auf ein *isnâd*, eine Kette von Gewährsmännern, deren letzter als Augen- oder Ohrenzeuge des Propheten die gewünschte Materie, *matn*, vortrug. Die Aufgabe nun, der sich die junge Wissenschaft des *fiqh* einst gegenüber sah, war, die materialen Grundlagen zu einem System auszuarbeiten durch formale Methode. Sie bestand naturgemäß einmal in der Exegese des Qor'ân. Die hatte immerhin Spielraum. Es hieße die Philologie der Theologen verkennen, wollte man sich nicht darauf gefaßt machen, daß sie z. B. in der (S. 13) zitierten Stelle Problem auf Problem gefunden haben. Dazu kommt, daß der Prophet sich im hl. Buch selbst widersprochen hat. Er hat sich dann auf Vorhaltungen dahin ausgedrückt, daß Gott, der »die Macht hat zu allem«, einen Vers »aufhebt« (Sûre 2, 100). Sehr ernst, ernster als der Prophet, haben die Faqîh diese »Abrogations«-frage aufgefaßt. Man merkt es den geschraubten Abhandlungen an, daß hier ein Gottes unwürdiger Widerspruch vertuscht werden soll. Der Zaidit al Qâsim (gest. 246/860) stellt den Satz auf: »Die Verse werden nicht verändert oder abgeschafft, außer daß ihr Wesen fernerhin bestehen bleibt«[1]). Den dialektischen Beweis dafür holt er sich aus der philosophischen Attributenlehre: es verschwinden oder wechseln nur einige Eigenschaften (*ṣifât*) des Verses. Grotesk genug ist das dazu herangezogene Beispiel: die verschiedenen Stadien des Menschenwesens nach der qor'ânischen Embryologie (Sûre 23, 12 ff.). Ebensowenig trifft sein theologischer Beweis den springenden Punkt, wenn er sich auf »ein Wort Jesu aus dem Evangelium« beruft und Matthaeus

---

[1]) *k. an nâsiḫ wal mansûḫ*, Berl. 4876, fol. 126 a Mitte. ألا ترى ان الآية لا تكون مبدلة ولا منسوخة الا وعينها قائمة بعدُ موجودة

5, 17 b. 18. 20. 21 — übrigens tendenziös [1]) geändert — zitiert. Wenn er nun als Beispiel dafür, wie entgegenstehende Stellen sich miteinander zu vertragen haben, auf die verschiedene Form der *ṣalât* bei festem Wohnsitz und auf der Reise hinweist, so deutet er damit auf eine abstruse, für die exegetische Praxis folgenschwere Harmonistik hin: man unterscheidet — auch wo der Qor'ân kein Wort davon sagt — zwischen *'âmm* und *ḫâṣṣ*, Stellen von allgemeiner und von besonderer Bedeutung und Verbindlichkeit.

In der Sunnamaterie, die ebenfalls exegetisch durchzuarbeiten ist, muß zunächst zwischen Echtem und Unechtem gesondert werden. Das geschieht in einem scheinbar einwandfreien Verfahren, dem der *Isnâd*probe über die Lückenlosigkeit der Kette und die Glaubwürdigkeit der Gewährsmänner, also etwa im Sinne unserer Frage nach der äußeren Bezeugung. Wenn wir freilich auch alle Veranlassung haben, den *ḥadîṯen* selbst bei bestbestandener Kettenprüfung äußerst zweifelnd gegenüberzustehen, so braucht doch von zwei widersprechenden an sich noch keins unecht zu sein. Muḥammad widersprach sich schon im Qor'ân, in der ausdrücklichen »Offenbarung«. Man mache den Rückschluß auf die Sunna, zumal auf *fi'l* und *sukût*, hielt man es doch beim Steigen seiner Autorität für notwendig, ihm seine Gewohnheiten bei den diskretesten körperlichen Funktionen abzugucken, oder (wenn man den betreffenden Traditionen skeptisch gegenübersteht) wollten doch wenigstens die Späteren wissen, wie dergleichen *fiqh*-gemäß nach hohem Vorbild zu geschehen habe. Daß in den hierhergehörenden *ḥadîṯen* auch seine Gattin *'Â'iša* als Urtradent auftritt, ist schließlich persönlicher Geschmack; die Mutter der Gläubigen war wohl die nächste dazu. Übrigens herrscht durchaus keinerlei Einstimmigkeit hier. Drei Formen werden z. B. zum *baul* als »sicher« überliefert. Mag sein; Konsequenz lag ihm überhaupt nicht. Gewiß hat sich seine Prophetennatur auffallend gut in die Rolle des Regierenden hineingefunden, aber als solcher wurde er, der in seinen vierziger Jahren noch von ekstatischen Visionen gelebt hatte, doch durchaus kein korrekter Paragraphenmann oder Verfügungsfanatiker. Es gibt Traditionen, welche andeuten, daß er gar nicht jede Kleinigkeit zur Norm erhoben wissen wollte, weil er selbst dafür keine feste Norm

---

[1]) Vers 18 gibt er so wieder: fol. 126 b unten. وبحقّ اقول لكم انه لم تبد من آيات الله آية ولم تبطل ولم تنتقض من وصايا الله وصيّة حتى تبيد وتنتقض السموات والارض; Vers 17: جئت لذلك كلّه مثبتا ...Pešîṭtâ, πληρῶσαι . . . statt ܠܡܫܠܡܘ

hatte: Er wurde einmal über seine freiwilligen (supererogatorischen) Wochenfasttage ausgefragt. Da wurde er sehr zornig [1]. Der Satz scheint echt zu sein. Denn gern hat man ihn nicht aufgenommen. Die Erklärer halten es für nötig, den Propheten auf alle mögliche Weise zu entschuldigen. — Die Geschichte liebt seltsame Ironien. Die muslimischen Faqîh dürften sich getrost zu den größten Kleinigkeitskrämern der Welt rechnen. Und der, auf den sie sich berufen, zeigte noch im letzten Lebensjahre eine geniale Nachlässigkeit. Das hat Snouck Hurgronje [2] an einem klassischen Beispiel gezeigt. Denn ein Pedant war der Mann nicht, der, als er i. J. 10/632 endlich das heißersehnte Ziel erreicht hatte, selbst als Haupt von Mekka und Arabien den hochheiligen *ḥaǵǵ* zu leiten, für seine Person aus Bequemlichkeit sich mit der weniger lästigen Form eines ursprünglich gar nicht in diese Zeit gehörenden kleineren Mekkanischen Festes, der *ʿumra*, begnügte, wodurch er nicht geringe Verwirrung angestiftet hat, bis charakteristischerweise dieser lapsus, den er selbst noch durch Opfer zu sühnen für notwendig erklärte, zum heiligen Vorbild wurde unter dem spitzfindigen Titel, mit dem er ihn zu beschönigen versuchte: *tamattuʿ*, d. i. Benutzung der *ʿumra* als *ḥaǵǵ* (vgl. Sûre 2, 192). Bei solcher Sorglosigkeit des Propheten ist es natürlich, daß entgegenstehende *ḥadîṯe* echt sein und die Kettenprobe bestehen können. So müssen also auch hier gegebenen Falls die Abrogations- [3] und die Spezialisierungsfrage: *ʿâmm* und *ḫâṣṣ*, aufgeworfen werden.

Einige ganz prinzipiellen Schulen wie die in den Wahhâbiten wieder aufgelebten Ḥanbaliten, die Ẓâhiriten, die im 4. und 5. Jahrh. H. in Spanien von Einfluß waren, und zum Teil die imâmitischen Šîʿiten haben behauptet, allein durch Qor'ân- und Sunnainterpretation das Gesamtnetz des *fiqh* ausgespannt zu haben. Die übrigen orthodoxen Hauptschulen und die Zaiditen haben, freilich in verschiedener Abschattung, einige weitere Formalstufen hinzugefügt, von denen hier das *qijâs* [4], das Abmessen, genannt sei. Es ist ein Deduktionsverfahren,

---

[1] Muslim, *ṣaḥîḥ* mit Nawawî, *minhâǵ fî šarḥ M.* Bûlâq 1283, III, 120/1.

[2] *Het Mekkaansche feest*, Leiden 1880, S. 86 ff.

[3] Die älteste (verlorene) Spezialabhandlung über die Abrogation in der Sunna stammt von Muḥammad b. Muslim az Zuhrî (Brock. I, 65, 2; gest. 124/742), vgl. die Einleitung zu Abû Bekr Muḥammad b. Mûsâ b. ʿOṯmân al Ḥâzimî al Hamadânî (Brock. I, 356, 13; gest. 584/1180) *k. al iʿtibâr fî 'n nâsiḫ wal mansûḫ*, Haiderâbâd 1319, p. 1 ff.

[4] Über das *qijâs* bei den Zaiditen handelt ausführlich Aḥmad b. Jaḥjâ b. al Murtaḍâ in seiner Enzyklopädie Berl. 4894 fol. 53 a ff.; 4900 fol. 141 a ff. Die Berechtigung wird apriorisch (*ʿaqlan*) und autoritativ (*samʿan*) erwiesen, letzteres z. B. nach dem bekannten Ausspruch des Muʿâḏ: »Ich werde (falls Qor'ân und Sunna nicht ausreichen) nach meinem *ra'j* entscheiden«. Schon al Hâdî hat ein *k. al qijâs* geschrieben (das mir noch nicht zu-

das eine Vorschrift von einem in dem hl. Buch oder der Tradition genannten Fall mit Hilfe eines tertium comparationis auf einen neuen überträgt.

Bereits im 3. Jahrhundert ist die aufbauende Tätigkeit abgeschlossen. Sie hat ein überaus einheitliches Resultat gehabt. Es ist über die Auslegung der heiligen Texte in so weitgehendem Maße zur Übereinstimmung gekommen, daß eben diese Übereinstimmung, *iğmâ'*, den Späteren selbst wieder ein formales Prinzip wurde, d. h. sie brauchen nun nicht mehr auf die Quellen zurückzugehen, sondern argumentieren gleichsam: quod semper, quod ab omnibus, quod ubique. Man sieht, es ist ziemlich verworren, wenn die muslimische Wissenschaft in der Disziplin *uṣûl al fiqh* die nach ganz verschiedenen Einteilungsprinzipien gewonnenen Elemente: *qor'ân*, *sunna*, *qijâs* und *iğmâ'*, einfach als die vier »Wurzeln des Rechts« zusammenstellt. Die beiden ersten sind materiale Prinzipien, das dritte ist ein formales, und zwar nur Nebenform, dessen Arbeit bei einigen mit demselben Erfolg durch eine nötigenfalls recht dreiste angebliche Verbalinterpretation und Heranziehung eines umfangreicheren Traditionsmaterials unter entsprechend geringerer Belastung bei der Echtheitsprobe geleistet wird. Das vierte, das *iğmâ'*, ist zunächst gar keine Grundlage, sondern ein Resultat [1]) und die Summe des bisher Genannten und wird erst zum Formalprinzip. Kompliziert wird die Lage nun aber,

---

gänglich ist). Hierher gehört vielleicht auch die Bemerkung des Ibn Ḥazm, der seine Schriften kannte: له رأى فى الفقه. (s. bei Ibn Ḫaldûn, *'ibar*, Bûlâq 1284, Bd. IV. S. 111 unten). Doch muß noch Ibn Ḥumaid in Berl. 4947 fol. 90 b ff. ausführlich der Ansicht entgegentreten, daß al Hâdî nicht das *qijâs* vertreten habe. Inkonsequenz in der Anwendung des *qijâs* wird den Zaiditen in einem imâmitischen Werke aus neuester Zeit vorgeworfen von Muḥammad b. Ğawâd, der i. J. 1250/1834 in Šîrâz Einblick in 120 Bände zaiditischer Werke aus Ṣan'â' tat: Berl. 2161 fol. 52 b ff. Vielleicht erklärt sich dieser Vorwurf aus dem durch die Geschichte der Disziplin bedingten Zurücktreten des *qijâs* vor dem *iğmâ'*. Im zaiditischen *k. al muntaza' al muḫtâr* Cairo 1328 heißen die Kapitelanfänge sehr oft: »Die Wurzel ist: das Buch, die Sunna und der consensus« (vgl. I p. 226, 233, 237, 339 u. ö.). Gegen die Anwendung des *qijâs* bei den Ḥanefiten als zu weitgehend polemisiert häufiger Ṣârimaddîn (um 879/1474) im *k. al fuṣûl fî uṣûl al fiqh* Berl. 4941 z. B. fol. 88 b, 89 a. Für die innerislâmische Eingliederung aber ist es andererseits bezeichnend, daß das subjektive Ermessen des *istiḥsân*, des »für-gut-Befindens« anerkannt wird, und zwar als Abart des *qijâs* (vgl. dazu I. Goldziher in W. Z. K. M. I 1887, 278 ff.) unter ausdrücklicher Angabe des *iḫtilâf*: mit den Ḥanefiten gegen die Šâfi'iten (vgl. d. Enzyklopädie in Berl. 4900 fol. 145 a).

[1]) Vgl. die Definition des Zaiditen al Qâsim (gest. 246/860) in seiner theologischen Prinzipienlehre Berl. 4876 fol. 63 b unten ...ثم الاجماع من بعد ذلك [sc. العقل والكتاب والرسول] حجّة رابعة مشتملة على جميع الحجج الثلاث وعائدة اليها

wenn man auf das historische Verhältnis sieht. Nicht die Gelehrten haben die Einzelheiten, z. B. des Kultus, geschaffen. Neben ihrer Arbeit her und bevor sie in der Exegese zur Übereinstimmung gelangten, gab es eine praktische Übereinstimmung in vielen Dingen. Nimmt man dies *iǵmâ'*, den »katholischen Instinkt«, den uns vor allem SNOUCK HURGRONJE verstehen gelehrt hat, in die *Uṣul*lehre mit hinein, so erhält man zu den Material- und Formalgrundlagen noch eine psychologische, den objektiven gegenüber ein subjektives Prinzip. Und dies verdiente logisch und tatsächlich den ersten Rang. Es gab Dinge, die standen bereits in allgemeiner Anerkennung, ehe man sich überhaupt im Qor'ân nach einer Belegstelle umsah. Nachträglich freilich ist das Finden nicht zu schwer, da man das Gesuchte gleich mitbringt. Ein Beispiel: die Lehre vom purgatorium ist nicht etwa aus dem οὐκ ἀφεθήσεται ... οὔτε ἐν τῷ μέλλοντι (Matth. 12, 32) oder aus σωθήσεται οὕτως δὲ ὡς διὰ πυρός (1. Korinther 3, 11) entstanden, aber darin bestätigt gefunden. — Definieren ließe sich das psychologische Prinzip des *iǵmâ'*, des consensus, etwa so: Es ist das Ergebnis des Assimilationsprozesses zwischen den Statuten des Religionsstifters und der Disposition wie den Bedürfnissen seiner Bekenner. Denn das Individuum, das Volk, die Zeit tritt nicht voraussetzungslos, nicht als völlig unbeschriebenes Blatt, das nun einfach bedruckt werden könnte, an das Neugebotene heran. Jener Prozeß hat um so größeren Spielraum, je weniger statutarisch sich der Stifter gab, z. B. im Christentum, das sich darum auch in eine Reihe völlig verschiedener Kulte kleiden konnte. Geringer war die Möglichkeit der Assimilation im Islâm. Und wo sie hier bedeutend war, z. B. im Heiligen-, Reliquien- und zauberrestlichen Wesen, hat man sich bezeichnenderweise gescheut, das in dem offiziellen *fiqh* zum klaren Ausdruck zu bringen. Jene Disposition und Bedürfnisse nun sind mannigfacher Art: Neigung, die Religion bequem zu machen, und — in oft nur scheinbarem Gegensatz dazu — sie durch Betonung von Äußerlichkeiten handgreiflicher zu gestalten. In beiden Fällen wird man nach dem Grundsatz der Religionspsychologie: »Der Glaube aller stärkt den Glauben«, sich nicht eher beruhigen, als bis man konstatiert: so tun alle. In der Wirklichpeit erleidet dies »alle« mancherlei Einschränkung. Ja der consensus kann aus dem dissensus hervorgehen, der Drang nach Gemeinschaft sich mit dem Streben nach religiöser Absonderung verbinden, wie den

---

Übrigens ergibt die Gegenüberstellung seiner vier Prinzipien mit den obigen die Gleichung: *qijâs* = *'aql* = »la logique humaine« (bei SNOUCK HURGRONJE in Rev. de l'hist. des Religions 1898. XXXVII. p. 185),

Šî'iten der »consensus des hl. Hauses«[1]) zum Argument wurde (s. unten Kap. 6). Die Neigungen und Bedürfnisse können aus Gewohnheiten, die selbst die ehrlichsten Neophyten für sich und die Nachkommen aus der Väter Religion mitbringen, oder aus ansteckenden Berührungen mit fremden Religionen stammen. Das sind zwei Gegensätze. Aber Religion ist etwas so Kompliziertes, daß auch an der Bildung seiner Ausdrucksformen das konservative Element neben dem fortschrittlichen beteiligt ist. Zu berücksichtigen sind auch wechselnde Zeitläufte, die neue Neigungen hervorlocken oder wenigstens begünstigen. Man denke an die Geschichte der Askese! Und schließlich gibt es doch noch Begriff und Wesen der Individualität, die aus einem Gegensatz gegen, zum bereichernden Element für die Allgemeinheit wird, oder — islâmisch ausgedrückt — es gibt ein praktisches *iǵtihâd*. — Bekannt ist folgendes Beispiel der Assimilation aus dem Gebiet des Kultus: Nach dem Qor'ân kommen wir nur auf 3 tägliche *ṣalât* (in erster Zeit nur 2; Sûre 2, 239 zu 11, 116; 17, 80 f., 30, 16 f. vgl. Daniel 6, 11). Wir finden aber im *fiqh* 5 obligatorische. Es ist schwer, sich vorzustellen, daß der Prophet die Erhöhung der Zahl selbst vorgenommen habe, da bei einem so wesentlichen Gegenstand man eine ergänzende »Offenbarung« meint erwarten zu sollen. Es ist nun als wahrscheinlich dargelegt, daß diese Fünfzahl den 5 *ǵâh* entlehnt ist[2]), mit anderen Worten, daß die ehemaligen Zoroastrier ihren Usus des 5 maligen Gebetes beibehalten und siegreich gemacht haben, und zwar für den ganzen Islâm. Das wäre also echtestes *iǵmâ'* als Ergebnis der Assimilation. Natürlich tritt das in muslimischen Quellen nirgends hervor. Und damit kommen wir auf das (S. 18) Gesagte von dem *iǵmâ'* als dem prius zurück. Im Qor'ân wollte sich keine Kanonisation der Fünfzahl finden lassen. Aber gottgegeben war sie doch. Bei der berühmten nächtlichen Reise nach Jerusalem und in den Himmel und wieder zurück wurde sie dem Propheten von Allâh auferlegt. Ursprünglich sogar 50, aber auf den dringenden Rat Moses' handelte er sie zunächst auf die Hälfte und schließlich auf 5 herunter. In tadellos geschlossener Kette von Gewährsmännern ist uns diese Legende als »gesundes« *ḥadîṯ* aus seinem eigenen Munde bezeugt neben vielen anderen, die in schlichter Weise bekunden, daß der Prophet später stets 5 tägliche *ṣalât* gehalten habe.

---

[1]) Nachträglich findet sich dann irgendein gefälliger Qor'ânvers, vor allem Sûre 33, 33 b als Beweisstelle, die in den *Uṣûl*büchern als logisches prius auftritt, vgl. Ḥasan b. Jûsuf b. 'Alî b. al Muṭahhar al Ḥillî, *tahḏîb al wuṣul ilâ 'ilm al uṣûl.* Teheran 1308 p. 69.

[2]) I. Goldziher, in Rev. de l'hist. d. Religions XLIII. 1901. S. 15.

Die Muslime machen viel Aufhebens von dieser Wissenschaft der »Wurzeln«. Sie mußte hier angedeutet werden, weil gerade in Streitpunkten die schulgemäße Behandlung sich breit macht. Und diese ist von größerem Interesse als die Materie selbst. Denn daß der Unterschiede nicht viel sind, begreift man an den beiden Beispielen, der Spezialisierung im Waschungsritual (S. 13), und daß da, wo man über den Propheten hinausging, wie bei der Zahl der *ṣalât*, consensus herrscht. Wir werden es demnach mit Kleinigkeiten zu tun haben. Es mag trivial erscheinen, man kann es aber — schon um der Kenntnis der religiösen Disposition willen — nicht unterschlagen, daß es im Streite der Denominationen eine Rolle gespielt hat, ob Brot oder Oblate, ob gebrochen oder ungebrochen, ob Unser Vater oder Vater Unser; daß es einst gemeinschaftstrennend war, wenn am Laubhüttenfeste der Hohepriester die Wasserlibation vornahm und am Laubhüttenende die Weidenzweige entblättert wurden. Und die (S. 8 f.) angedeutete Kraft des Kultischen erscheint um so stärker, als es auch mit den kleinsten Mitteln große Wirkungen hervorruft oder — von der anderen Seite gesehen — als es eine prinzipielle Verschiedenheit psychischer Organisation auch in den kleinsten Dingen zum ernsten Ausdruck bringt.

Kapitel 3.

Die rituelle Fußwaschung.

§ 1. Gleich unser erstes Beispiel einer Kultdifferenz ist charakteristisch für beides: die Geringfügigkeit des Abstandes, die es fast schwer macht, den nötigen Ernst für den Streit mitzubringen, und die ganze Methode der Dialektik, die sich nach allen Regeln der Prinzipienlehre entfaltet; kurz ein echtes Spezifikum für den Geist des *fiqh*. Es handelt sich um einen Punkt aus der *ṭahâra*, und zwar nur um eine Nebenfrage und innerhalb dieser wieder nur um einen Ausnahmefall. Auf Grund der (S. 13) zitierten Verse Sûre 5, 8. 9 und von Sûre 4, 46 erfordern die sogenannten großen Verunreinigungen: alles, was mit sexuellen Dingen [1]) und Tod zusammenhängt, eine allgemeine Waschung des Körpers, *ġusl*. Das ist consensus bei allen Muslimen. Auch die etwaige Ersatzabreibung mit Sand ist consensus. In die kleine Waschung, *wuḍû'*, zur *ṣalât* von kleineren Unreinheiten [2]) ist über den Qor'ân hinaus unter Berufung auf die Sunna noch das Ausspülen des Mundes und der Nase, das Ausreiben der Ohren und das Abreiben des Halses getreten, und zwar im consensus. Nun gestatten aber sämtliche orthodoxen Schulen, daß man bei festem Wohnsitz 1 mal 24 Stunden, auf der Reise 3 mal 24 Stunden hintereinander bei allen *wuḍû'*

[1]) Für die mannigfachen kulturgeschichtlichen Parallelen vgl. den Artikel *Reinigungen* von Ed. König in der Real-Enzyklopädie für Prot. Theol. und Kirche und die dort angegebene Literatur. Dem Islâm gelten diese Dinge ganz allgemein als verunreinigend, wie nach der bekannten Stelle bei Herodot I, 198 den Babyloniern, und auch den alten Arabern und wie dem späteren Judentum (schon Josephus, *contra Apionem* 2, 24, während sich das vielumstrittene Leviticus 15, 18 auf einen besonderen unnatürlichen Fall beschränken kann). — Die Zusammenstellung dieser Dinge mit denen des Todes scheint unter den mannigfachen Erklärungen für den Ursprung der Unreinigkeitsvorstellungen jene Annahme zu stützen, der die Lebenszerstörung das Verunreinigende ist, auch wenn nur die Gefahr besteht, daß ein Lebenerzeugendes ganz oder teilweise schon vor dem Leben erstirbt.

[2]) Auch diese sind nicht bloß ästhetisch begründet, sondern wahren den Zusammenhang mit dem Lebenzerstörenden, wenn neben den natürlichen Ausscheidungen auch der Schlaf und die Bewußtlosigkeit genannt werden.

statt der Füße die Fußbekleidungen abreibe [1]. Bis ins einzelne legen die kanonischen Juristen die Bedingungen für diese Ausnahme und den Verlauf der Prozedur fest. Die Füße müssen bei der letzten Bekleidung rein gewaschen in reines Schuhwerk getreten sein. Und zwar mußten sie beide rein sein, ehe Ein Schuh angezogen wurde; hatte man z. B. zuerst den rechten Fuß gereinigt und ihn sofort bekleidet, dann erst den linken gewaschen und bekleidet, so war der rechte in nicht gesetzmäßigem Zustand und mußte von neuem gereinigt werden. Ein Problem, über das die Gelehrten nicht zur Einigung gekommen sind, blieb, ob nun auch der linke nachgereinigt werden müsse. Die Fußbekleidung muß fest anliegen und undurchlässig sein. Sie muß die ganze für gewöhnlich zu waschende Partie bedecken. Die Erlaubnis gilt also nicht für Sandalen. Sie darf dagegen oben durchbrochen gearbeitet oder schadhaft verschlissen sein, in wieweit, darüber gibt es Unterbestimmungen. Trägt jemand doppelte Fußbekleidung, so ist diejenige abzureiben, welche am meisten der geforderten Bedingung entspricht. In weiteren hierhergehörenden Einzelheiten weichen nicht nur die orthodoxen Schulen voneinander [2] ab, sondern oft innerhalb Einer Schule anerkannte Autoritäten. So gern man auch auf solche Spitzfindigkeiten verzichten möchte, so sei doch eine als Spezifikum hergestellt. Die bunte Variation der einzelnen Schulen hat eine besondere Literaturgattung hervorgebracht: das *iḫtilâf*, die komparative Darstellung der Unterscheidungslehren, die sehr beliebt ist und häufig in Vers und Reim gebracht wird. Eine solche *manẓûma* des Ḥanefiten ʿOmar b. Muḥammad an Nasafî (gest. 537/1142; BROCK. I. 428, 11, II) berücksichtigte nur die 3 orthodoxen Hauptrichtungen der Ḥanefiten, Šâfiʿiten und Mâlikiten. Die überhaupt etwas vernachlässigten Ḥanbaliten füllten die Lücke aus, so Muḥammad b. ʿAlâʾ addîn al Maqdisî aṣ Ṣâliḥî in seinem *niẓâm*. Und was hat er nachzutragen? Vor allem, daß das Abreiben auch gestattet sei bei Strümpfen von dichtem Stoff [3]. Und eben diese Strumpffrage gibt für seine Schule der Ḥanefit Qudûrî (l. c.) als strittig an zwischen den beiden Autoritäten Abû Ḥanîfa und Abû Jûsuf. Stehen aber derartige Plattheiten noch in einem inneren Zusammenhang mit der platten Hauptfrage, so führt eine andere Randbemerkung zur Charakterisierung der *Fiqh*-

[1]) Vgl. die Handbücher, z. B. ḥanef. *kitâb al Qudûrî*, Constantinopel 1291, p. 6 — šâf. Ibn Qâsim al Ġazzî, *fatḥ al qarîb*, publ. p. VAN DEN BERG, Leide 1894, p. 62 ff. — mâl. Ḫalîl b. Isḥâq al Ǵundî, *al muḫtaṣar* = *Précis de jurisprudence musulmane*, Paris 1855, p. 14. — für ḥanb. vgl. hier unten S. 22 no. 3.

[2]) Vgl. die Zusammenstellung bei aš Šaʿrânî, *al mîzân al kubrâ*, Cairo 1291 p. 161—63.

[3]) Berl. 4871 fol. 4 a. اِمْسَحْ عَلَى جَوَارِبٍ صَفِيقَةٍ

literatur direkt ins Abstruse. Die Sucht, auf alle konstruierten Eventualitäten einzugehen, ist so groß, daß man sich bei der Lektüre bisweilen in ein Abnormitätenkabinett versetzt fühlt. Und wie z. B. im Ehe- und Erbrecht oder bei der Frage nach der Person des Vorbeters oder des rituellen Schächters usw. die rechtliche Stellung des Hermaphroditen eine große Rolle spielt [1]), wie die Anwendbarkeit von Vorschriften auf Krüppel aller Art, auf Blöd- und Wahnsinnige immer wieder untersucht wird, so erspart sich bei der vorliegenden Frage kaum das kleinste Handbuch banale Thesen wie die, daß das Schuhwerk beider Füße abgerieben werden müsse, außer wenn der Gläubige nur Einen Fuß hat, genau wie beim Hände- und Füßewaschen darauf hingewiesen wird, daß jemand, der mehr als 10 Finger oder Zehen hat, auch dies Plus bei der Waschung berücksichtigen müsse. Und — hier spricht man mit Recht von einem Zaun des Gesetzes, durch den nichts entwischen darf — ist etwa die Reise im Sinne des Gesetzes unerlaubt, dann gilt die Vergünstigung nur wie bei festem Wohnsitz auf Einen Tag.

Das Verfahren bei diesem *masḥ ʿalâ ʾl ḫuffain* wird z. B. von dem Šâfiʿiten al Qasṭallânî (Prediger zu Cairo, gest. 923/1517) in seinem Kommentar zur kanonischen Traditionssammlung von al Buḫârî folgendermaßen beschrieben [2]): »Man reibt in Strichen die Fußbekleidung oben, wo sie an die Mitte des Fußes anschließt (nicht die Seite), und unten, und zwar so, daß man die linke Hand unter die Ferse und die rechte über die Oberfläche der Zehen legt, dann zieht man die rechte bis zum Schenkel und die linke unterhalb her bis zu den Zehenspitzen, wobei man die Finger spreizt.«

Einstimmig lehnen die Zaiditen das *masḥ ʿalâ ʾl ḫuffain* ab. Die rein darstellenden Kompendien, so das *taḥrîr* des Abû Ṭâlib an Nâṭiq (gest. 424/1033), kennen das ganze Kapitel nicht. Der (S. 4) erwähnte erste jemenische Imâm Jaḥjâ al Hâdî bringt den Streitpunkt in größerem prinzipiellen Zusammenhang unter der Überschrift: »Vom [3]) Reiben

[1]) Es gibt hierüber sogar Monographien, so die *aḥkâm al ḫunṭâ* des Šâfiʿiten ʿAbdarraḥîm b. al Ḥasan b. ʿAlî Ǵamâladdîn al Isnawî (gest. 772/1370; Brock. II. 91, 15, 5). Einen wie breiten Raum derartige Absonderlichkeiten im *fiqh* einnehmen, mag man daran erkennen, daß diese Abhandlung, die in Berl. 4790 etwa 50 enggeschriebene Oktavblätter umfaßt, trotz gedrängter Darstellung auch nicht annähernd den Gegenstand erschöpft, wie Stichproben bei Vergleichung mit den größeren Kompendien ergeben.

[2]) *Iršâd as sârî fî šarḥ al B.* Bûlâq 1304 f. I. 279 oben.

[3]) *k. al aḥkâm*, Wien cod. Gl. 63 fol. 13 a (ausschließlich eines Vorblattes) am Schluß des *k. al ṭahâra.*: باب القول فى مسح على الخفين والشراكين والرجلين والخمار والعمامة والقلنسوة قال يحيى بن الحسين صلوات الله عليه [Cod. om.] أجمع

über die Fußbekleidungen, Sandalenriemen, Füße, Schleier, Turban und Mütze«. »Es gibt kein Reiben über eins dieser Dinge«, widrigenfalls »hat man die Waschung nicht (gültig) vollzogen, und ohne Waschung keine *ṣalât!*« »Die Familie des Gesandten stimmt darin überein«, so leitet er den Satz ein. Und seine Stellung kehrt grundsätzlich bei den anderen Šî'iten wieder, insoweit sie auf das Abreiben der Fußbekleidung geht. Der Imâmit Ǵa'far b. Muḥammad al Ḥillî kennt nur ein Berühren der »Haut des Fußes«[1]. Von Fremden stehen die Ḫâriǵiten[2] gleich. Diese auffällige Gruppierung der innerislâmischen Schulen ist für den Permutations- und Kombinationscharakter des *iḫtilâf* bezeichnend und um so beachtenswerter, als sonst Šî'iten und Ḫâriǵiten auf den entgegengesetzten Flügeln stehen. Freilich die ganze Frage mag herzlich geringfügig erscheinen, und die betreffenden Kapitel mögen es uns nicht mehr antun, als der benachbarte (übrigens consensus)paragraph vom Gebrauch des Zahnreibeholzes, der um so nüchterner wirkt, als der ursprüngliche rituelle Charakter des wahrscheinlich ebenfalls aus der persischen Dämonenlehre[3] erwachsenen Usus den Muslimen abhanden gekommen ist. Und doch bedeutet unser *masḥ 'ala 'l ḫuffain* eine Gemeinschaft auflösende Norm. Nicht jeder verfährt so gelind wie der orthodoxe šâfi'itische Kommentator zu Muslim's kanonischem Traditionswerk an Nawawî (Professor an der Traditionsschule Ašrakîja in Damaskus, gest. 676/1278), der gleich im Eingang des Kapitels *m. 'a. ḫ.* (I, 337) das *iḫtilâf* bringt mit den Worten: »Verwerfen tuen es nur die Šî'a und die Ḫâriǵiten, aber ihr Widerspruch zählt ja nicht mit (eig: mit i. W. wird nicht gerechnet).« Der (S. 23) genannte Qasṭallânî (I, 278) fängt schon an zu fluchen: »Die Gelehrten sind sich einig darüber, daß es erlaubt sei, außer den Ḫâriǵiten — Allâh werfe sie zu Boden! — und den Šî'iten — Allâh bekämpfe sie!« — Und er bringt eine Autorität bei, den angesehenen Ḥanefiten Abû 'l Ḥasan al Karḫî (gest. 340/952; s. unten Kap. 4 § 3). Der zieht schon bedenklich die Augenbrauen: »Ich fürchte den (Zustand des) Unglaubens für den,

آل الرسول صلعم انه لا مسح على شىء من ذلك ومن مسح على شىء من ذلك فلم يتوضّأ وانه لا صلوة الا بوضوء [فاما ما ... v. infra p. 34 no. 2.]

[1]) *šarâ'i' al islâm*, Calcutta 1839 p. 7; QUERRY, *Questions du droit musulman.* Paris 1871 I p. 12 Nr. 65.

[2]) Muḥammad b. Jûsuf Aṭfîš, *k. wafâ' aḍ ḍamâna bi adâ' al amâna.* I lith. Cairo 1306, II u. III gedr. Cairo 1325/26 Bd. I p. 45, 74; vgl. al Basîwî *muḫtaṣar*, Zanzibar 1304. *bâb* 15. p. 13.

[3]) K. G. JACOB, *Der muslimische Fastenmonat Ramaḍān.* Jsb. d. geogr. Ges. Greifswald 1896, S. 10; I. GOLDZIHER, *Islamisme et Parsisme*, Revue de l'hist. d. relig. 1901. 43, S. 16 f.

der das *mash 'alâ' 'l ḫuffain* nicht vertritt.« Und in der Tat ist unser rituelles Ding ihnen von einer Bedeutung für die Religion geworden, die manche dogmatische These nicht beanspruchen kann. Es wird zum eisernen Bestand der Glaubensbekenntnisse [1]), nicht etwa bei Eigenbrödlern. Der als Jurist den Šâfi'iten zugezählte, theologisch aber stark durch den Stifter der Ḥanbaliten beeinflußte, noch heute maßgebende Retter der Orthodoxie Abû 'l Ḥasan al Aš'arî zu Baġdâd (gest. 324/935) bekennt sich ebenso ausdrücklich zum *mash 'alâ 'l ḫuffain* als Glaubensartikel wie Naǵmaddîn Abû Ḥafṣ an Nasafî aus Transoxanien (gest. 537/1142). Der ist dem *fiqh* nach Ḥanefit, der Dogmatik nach Mâturîdît, d. h. etwa ein Scholastiker nach dem Grundsatze: intellectus praecedit fidem, aber mit dem durchaus beruhigenden Resultat der ungeschmälerten Orthodoxie. In seinen *'aqâ'id* [2]), die noch heute da, wo wie in der Türkei der ḥanefitische Ritus herrschend ist, als Katechismus Ansehen genießen, steht das Bekenntnis zum *m. 'a. ḫ.* neben der für den Ḥanefiten charakteristischen Gestattung des Dattelweines (*nabîḏ*) und in der Nähe der Anerkennung jedes Gläubigen, ob fromm oder sündig, als Vorbeters; bei al Aš'arî neben eben dieser im selben Sinne beantworteten Frage [3]). Wie eine merkwürdige Antwort darauf und schneidige Konsequenzmacherei klingt aus dem Parteigezänk die Beschwerde des jüngeren Zaiditen Ibn Ḥumaid um 970/1562. Er zitiert [4]) zweiter Hand einen ungenannten orthodoxen Autor, der sich bei seiner Bekämpfung gegen die dogmatischen und sonstigen Lehren der »Nachkommenschaft« (sc. des Propheten) dahin verstiegen habe, zu lehren: Vorbeter könne jeder, Fromme oder Sünder, sein »unter der Bedingung, daß er das *mash*

---

[1]) Darauf weist neuestens auch I. Goldziher, *Vorlesungen* S. 273 unter 5 hin.

[2]) Gleich *Pillar of the creed of the Sunnites* ed W. Cureton, London 1843, im 2. Teil p. 5; cf. Duncan B. Macdonald, *Development of Muslim Theology, Jurisprudence and Constitutional Theory*, New York 1903 p. 314.

[3]) W. Spitta, *Zur Geschichte Abu 'l-Ḥasan al Aš'arî's*, Leipzig 1876, S. 136 unten; cf. Macdonald, l. c. p. 298.

[4]) *tauḍîḥ*, Berl. 4947 fol. 87 b; 4948 fol. 170 b قال . . . ولقد اطّلعتُ على كلام لبعضهم . . . خالف فيه كثيرا من مقالة الذرّيّة من العدل وغيره حتى قال فيه انّ الصلوة تصحّ خلف كلّ برّ وفاجر بشرط ان يرى المسح على الخفّين فى الحضر والسفر ولا يحرّم نبيذ الخمر فانظرْ الى كلام هذا كيف اجاز الصلوة خلف قاتل النفس وشارب الخمر والزانى ونحو ذلك ومنعها خلف من خالفه فى المسح وفى شرب النبيذ الخمرىّ

'alâ 'l ḫuffain zu Hause und auf Reisen vertritt und den *Nabî'ḏ*wein nicht für verboten erklärt«. Also, meint Ibn Ḥumaid, jeder Totschläger, Weinsäufer, Hurer usw., wenn er nur in den beiden Punkten nicht widerspricht. Diese Verbindung unserer Frage mit der nach der Person des Vorbeters sei besonders unterstrichen, weil man vielleicht gerade in der letzteren einen Schlüssel zum Verständnis der kirchlichen Seite der Šî'a finden kann (s. unten Kap. 6). Zur Illustration der muslimischen Bewertung mag es noch beitragen, wenn man auf den Zusammenhang hinweist, in dem das *m. 'a. ḫ.* bei Abû 'l Barakât 'Abdallâh b. Aḥmad an Nasafî (gest. 710/1310) in der erweiterten *'umda* zu den *'aqâ'id* des Abû Ḥafṣ erscheint[1]): Es sind doch recht wesentliche Dinge: 1. aus der Imâmenlehre: Empörung auch gegen die schlechte Obrigkeit verboten; 3. aus der Eschatologie: Bekenntnis zum Glauben an die Untersuchungsrichter-Engel beim Tode und jüngsten Gericht; 4. Vorbeterfrage, wie oben; und dazwischen an 2. Stelle: Bekenntnis zum *masḥ 'alâ 'l ḫuffain.*

Doch noch ist die Situation des Kampfes nicht hinreichend geklärt. Denn bei näherem Zusehen ergibt sich, daß die Zaiditen gegen zwei Fronten stehen. Die (S. 24) erwähnte Übereinstimmung mit den imâmitischen Šî'iten geht nicht weiter als auf die bloße Tatsache, daß beiden die Vornahme des Ritus an der Fußbekleidung nicht genügt. Weiter nicht. Nun verlangt der Zaidit das Waschen, der Imâmit das Reiben des nackten Fußes. Demnach stellt sich das *iḫtilâf* so dar: Alle Sunniten[2]), die Ḫârigiten [3]) und die Zaiditen verlangen beim *wuḍû'* auch das Waschen der Füße, die Imâmiten nur das Reiben über die Füße. Die Sunniten gestatten terminweise das Abreiben nur der Fußbekleidung, die ganze Šî'a und die Ḫârigiten nie.

§ 2. Der Muslim geht nach seiner Art den Dingen auf den Grund. Durch alle Kategorien des *fiqh* ist unsere Frage auf das genaueste hindurchgemustert worden. Zunächst der Qor'ân. — Die Vorbedingung für die Benutzung eines Literaturwerkes ist die Textkritik. Diese kann aber gegenüber Religionsurkunden in Konflikt geraten mit der Annahme des göttlichen Ursprungs, mit der Inspirationslehre. — Es waren sonst vorzügliche Hebraisten, die Baseler Professoren Buxtorf, Vater, Sohn und Enkel, deren mittelbarem Einfluß ein Teil der Schweizer Reformierten Kirche bis ins 19. Jahrhundert hinein eine merkwürdige Bekenntnisschrift verdankt: die Helvetische Consensus-Formel von 1675. Sie dehnt beim Alten Testament die Inspiration sogar auf

---

[1]) Bei W. Cureton, *Pillar.* l. c. I. Teil p. 27 unten.

[2]) Qudûrî p. 2 l. 6/7 — Ibn Qâsim p. 32 paenult. — Ḫalîl p. 10 l. 8/7 infra.

[3]) Basîwî p. 13.

die Vokale aus, entweder auf die wirkliche (massorethische) oder wenigstens die virtuelle Punktation und sieht mit den Worten eine unfehlbare Sacherklärung garantiert.[1]) Nun sind zwar die 'Ulemâ' unvergleichlich günstiger gestellt als der Alttestamentler, der die wirkliche Textgeschichte seines Objektes kennt, vom Neutestamentler zu schweigen; rechnet doch selbst die authentische Ausgabe der Römischen Kirche, die Biblia Sacra vulgatae editionis Sixti V. P.M. jussu recognita atque edita [2]), die keine Varianten aufgenommen hat, nach der Vorrede der hl. Kommission (Bellarmin) mit der Unvollkommenheit »pro humana imbecillitate«. Aber auch der Qor'ân zeigt trotz der sorgfältigen amtlichen Ausgabe des Chalifen 'Oṯmân kleine Varianten im Konsonantenbestand, mehr aber in der erst später hinzugetretenen Punktation, die hier ganz anders als im Hebräischen außer der Vokalisation auch der Unterscheidung der Konsonanten dient. Der sunnitische Islâm erkennt diesen Tatbestand durchaus an, bringt Varianten und treibt Textkritik. In unserer sedes doctrinae Sûre 5, 8 handelt es sich für das *iḫtilâf* zwischen den Imâmiten und allen anderen zunächst um eine Vokalpunktation. Der Satz lautet: »Waschet eure Angesichter und eure Hände bis zu den Ellbogen und reibet über eure Köpfe und eure Füße bis zu den Knöcheln.« Ist *'rǵlkm* (»eure Füße«) als Genetiv *'arǵulikum* zu punktieren, abhängig von der Präposition *bi* ([reibet] »über«), oder als Akkusativ *'arǵulakum* als Objekt zu »waschet«, koordiniert zu »Angesichter und Hände«?

Um in der Fülle des Materials nicht zu versinken, beschränken wir uns orthodoxerseits statt auf 20- oder 30-bändige Kommentare auf die handlicheren 2-bändigen *asrâr at tanzîl* des Šîrâzer Qâḍî al Baiḍâwî (gest. um 685/1268), um so lieber, als diese geradezu kanonisches Ansehen genießen. Daß der Genetiv das Nächstliegende ist, wird man sich durch keine Interpretationskünste ausreden lassen. Auch Baiḍâwî erkennt ihn an zweiter Stelle an. Aufs Fuß w a s c h e n aber soll es herauskommen. Also wird darauf losexegisiert, mit recht unglücklichen Parallelstellen. Der Genetiv sei zu verstehen als Hypallage, wie in Sûre 11, 28 »Strafe eines schrecklichen Tages« statt »schreckliche Strafe eines Tages« oder wie im Ausdruck »Loch der wüsten Eidechse« statt »wüstes Loch der Eidechse«. Das vermeintliche tertium comparationis besteht darin: wie »schrecklich« und »wüst« zu dem

---

1) Canon 2 (bei Karl Müller, *Die Bekenntnisschriften der reformierten Kirche* Leipzig 1903, S. 862 unten) »Hebraicus Vet. T. codex... tum quoad consonas, tum quoad vocalia, sive puncta ipsa, sive punctorum saltem potestatem, et tum quoad res, tum quoad verba θεόπνευστος.

2) S. Fritzsche-Nestle, *Lateinische Bibelübersetzungen* in R. E. P.[3] III. 47 f.

voraufgehenden »Strafe« und »Loch« gehören, so sei »eure Füße« sachlich zu »Angesichter und Hände« zu ziehen. Das Unterscheidende in der Proportion wird einfach unterschlagen, wird doch dem Leser zugemutet, über den neuen ganz selbständigen Satz »Reibt über eure Köpfe« hinweg diese unnatürliche Verbindung zu vollziehen. Wenn nun aber eine Parallelstelle aus jenen im Qor'ân so häufigen fast ekstatischen Anakoluthen genommen wird, wo die Lesarten ebenfalls schwanken, so wird damit doch eine Unbekannte durch eine andere erklärt. Es handelt sich um Sûre 56, 22. Da lesen die meisten »helläugige Ḥûris« im Nominativ als Subjekt eines prädikatlosen Satzes oder als zweites Subjekt zu dem mit Vers 17 beginnenden Satz: »Es werden ewigblühende Jünglinge um sie (die Seligen, aufwartend) herumgehen.... und helläugige Ḥûris.« Aber die Qor'ânleser Ḥamza und al Kisâ'î, welch letzterer an unserer Stelle den unnatürlichen Akkusativ verlangt, setzen hier den Genetiv; Vers 17 ff.: »Ewigblühende Jünglinge werden um sie herumgehen mit Bechern, Kelchen, Schalen... Früchten... Vogelfleisch... und (mit) helläugigen Ḥûris.« Ganz abgesehen von der Rolle, die hier den paradiesischen Ganymeden zugedacht wird, zieht der Vergleich überhaupt nicht, weil zwischen »herumgehen mit« und »helläugigen Ḥûris« kein zum ersteren koordiniertes Verbum dazwischentritt; und der Versuch, auf Vers 12 zurückzugehen und zu lesen: »[Sie werden] in Paradiesesgärten [sein] und [in Gesellschaft] helläugiger Ḥûris«, hat zwar das mit unserem Fall gemein, daß über einen ganzen koordinierten Satz hinweg konstruiert wird. Aber der ist so lang und hat zudem eine Reihe von Nebensätzen, daß man nicht einmal umgekehrt sich entschließen könnte, wenn die erst zu beweisende unnatürliche Verbindung in Sûre 5, 8 einem plausibel gemacht wäre, diese nun ihrerseits als beweisende Parallele für solche Auffassung in Sûre 56, 12—22 zuzulassen, ganz zu schweigen davon, daß gerade das Wichtigste, wodurch die letztgenannte Lesung in Sûre 56, 22 überhaupt ermöglicht wird, die *iḍâfa* »in Gesellschaft«, erst ad hoc ergänzt werden muß. Man würde jedoch al Baiḍâwî unrecht tun, wollte man ihm vorwerfen, daß er die formale Konstruktion des Genetivs für die Sacherklärung durch das Kunststück der Hypallage ganz wirkungslos machen wolle. Es ist ihm so, als hätte das zwischen die Sachbeziehung »waschet« und »Füße« eingeschobene »reibet über eure Köpfe« neben seinem formalen Einfluß doch auch der Sache nach etwas abgefärbt. Und so kommt er für den Fall der Anerkennung des Genetivs zu dem Resultat: Der Sinn ist »ein Waschen, das sich dem Reiben nähert«. Nun weiß man es: eigentlich.. uneigentlich.

Der Zaidit al Hâdî läßt sich auf Varianten gar nicht ein. Er dekretiert: das Wort wurde im Akkusativ geoffenbart. »Mein [1]) Vater erzählte mir: daß sein Vater gesagt habe: Ich kenne niemanden vom Geschlechte des Propheten, der daran zweifelte, daß der Prophet, ʿAlî, ihr ganzes Geschlecht und alle Genossen den Akkusativ lasen.« Doch hält es al Hâdî nicht für unnötig, den Autoritätsbeweis für seine Lesart noch durch eine sachliche Begründung zu stützen. Die findet er — sonderbar genug — in dem Zusatz »bis zu den Knöcheln«. Solch eine »Grenzbestimmung« könne man nur beim Waschen, nicht beim Reiben treffen. Auch al Baiḍâwî ist von solch einem Argument überzeugt und sieht ebenfalls darin den besten Beweis für die Lesart mit dem Akkusativ, die er an erster Stelle bringt. Daß Orthodoxen das einleuchtet, ist um so wunderlicher, als sie beim Abreiben der Fußbekleidung doch Grenzbestimmungen treffen. Erwähnt sei noch, daß man auch den Nominativ zu lesen versucht hat (Baiḍ. an 3. Stelle): »Eure Füße« als Subjekt zu einem neuen Nominalsatz, und da kann man ja unter der Spitzmarke des zu ergänzenden Prädikats die Hauptsache hereinschmuggeln: »Und eure Füße [sollen gewaschen sein]«.

Allen orthodoxen und zaiditischen Kunststücken hält der Imâmit Abû Ǵaʿfar aṭ Ṭûsî von Baġdâd (gest. um 460/1068) in seinem *tahḏîb al aḥkâm* (Brock. I S. 405 2, 2) seinerseits das: Es steht geschrieben! entgegen. Durch den »Wortlaut« (*ẓâhir*) hat Allâh für Gesicht und Hände das Waschen, für Kopf und Füße das Reiben angeordnet. Wer eine dieser Kategorien vertauscht, steht nicht im Einklang mit dem Gebot; »der Widerspruch aber gegen das Gebot bedeutet eine

---

1) Wien Gl. 63 l. c. حدثنى ابى عن ابيه انه قال لم ار احدا من آل رسول الله صلعم[a] يشكّ فى ان قراءة رسول الله صلعم وعلىّ بن ابى طالب عم وجميع اهلهما وجميع المهاجرين من بعدهما وارجلَكم بالنصب يردّونها بالواو نسقا على غسل الوجه وانّما حرم المسح على الرجل بالآية . . . et infra ومن الحجّة على من قال بمسح الرجل وقرأ الآية بالخفض قول الله الى الكعبين فلمّا ان قال الى الكعبين علّمنا بتحديده انه انما اراد الغسل وانما نُصب عطفا على غسل الوجه لان المسح لا يقال فيه امسح الى الكعبين ولا يقال الى الكعبين الا فى الغسل فقط

---

a) Cod. hier wie meistens nur صلى الله عليه

Nichterfüllung«[1]). Man muß seinem Hinweis auf den Wortlaut beipflichten. Die beste Kritik der Exegese aller Nicht-Imâmiten findet sich in den *sunan* des Ibn Mâǵa (gest. 273/886). Da stehen häufiger widersprechende Traditionen unbeanstandet nebeneinander[2]). Aber diese selbe Tatsache, die das Werk nur schwer zu kanonischem Ansehen hat gelangen lassen, macht es für uns um so wichtiger. Er gibt ein Wort von Ibn ʿAbbâs wieder. Der sagt zur Frage: »Die Leute wollen nur das Waschen; ich aber finde im Buche Gottes nichts als das Reiben«[3]). Es liegt also — in der technischen Sprache ausgedrückt — ein *iǵmâʿ* vor, und die Qorʾânexegese hat sich dem anzupassen.

Wenn es schon Sunniten wie al Baiḍâwî (s. oben S. 28) möglich schien, in der geringen Differenz zwischen Fußwaschung und -abreibung zu vermitteln, so lag es für einsichtige Šîʿiten bei der Übereinstimmung in der Hauptunterscheidungsfrage, dem *masḥ ʿalâ ʾl ḫuffain*, nahe, diese Möglichkeit durchzuführen und zu legalisieren, wenn nicht aus innerer Toleranz, dann vielleicht aus Gründen der Staatsraison. Einen solchen Versuch machte der zaiditische Imâm an Nâṣir al Uṭrûš (gest. 304/917), wohl weil er in seinem Lande, in Ṭabaristân, das vor ihm schon manchen ʿAliden, auch innerʿalidische Reibereien erlebt hatte und auch unter ihm noch nicht zur Ruhe kam[4]), ganz anders diplomatisch das Gemeinšîʿitische betonen mußte als die Zaiditen in dem gleich durch al Hâdî mehr konzentrierten jemenischen Staatswesen. Hier hat man aber der Harmonistik des Uṭrûš nicht nachgegeben, sondern sie durchaus als *iḫtilâf* gebucht[5]). Und großes Entgegenkommen wird er auch bei eifrigen Imâmiten schwerlich gefunden haben. Die ließen sich nicht so leicht zum Waschen bekehren. Das wird klar, wenn wir nach Kenntnisnahme der Textfeststellung der hartnäckigen Exegese des Ṭûsî wenigstens in einer Probe folgen. Er entwickelt den prin-

---

[1]) Berl. 4785 fol. 25 a paenult. قوله تعٓ اذا قمتم . . . الخٓ فأوجب الغسل بظاهر الامر فى الوجه واليدين وفرض المسح فى الرأس والرجلين ومن مسح ما امره الله بالغسل او غسل ما امره الله بالمسح لم يكن تمثيلا للامر ومخالفة للامر لا تجزئ

[2]) z. B. gleich für unseren Fall findet sich eine die imâmitische Praxis legitimierende Tradition unter der an Ṭûsî's Fassung erinnernden Überschrift ما جاء فى الوضوء على ما امر الله *sunan*, Delhi 1282, p. 36.

[3]) Ibid.; ähnlich al Ḥâzimî, *al iʿtibâr fî bajân an nâsiḫ wal mansûḫ*, Haiderâbâd 1319, p. 62.

[4]) S. *Staatsrecht der Zaiditen*, S. 52 ff.

[5]) *k. al muntazaʿ al muḫtâr*, p. 52 l. 8/7 unten.

zipiellen Unterschied zwischen den beiden Vershälften, der keinerlei Vermischung von »Waschen« und »Reiben« zulasse, zunächst in weitausholender grammatisch-syntaktischer Untersuchung[1]). Obwohl beide »waschen« und »reiben« transitive Verben sind, ist hier nur zum ersteren das Objekt »Gesichter und Hände« im Akkusativ hinzugetreten, zum letzteren dagegen das Objekt »Köpfe und Füße« mit der Präposition *bi*. Da sonst nur intransitive Verben das Komplement mit *bi* aufnehmen, so muß hier das *bi* nach einem Transitivum doch einen besonderen Sinn haben, wenn anders die Rede von einem »Weisen und Wissenden«, nicht von einem »Nachlässigen, Schlafenden oder Irren« stammt. Die Behauptung, daß hier solch ein *bi* ganz nach Belieben hinzutreten oder fortfallen könne, ist eine »unerlaubte Frivolität gegen Gott« (als den Autor des hl. Buches). Im einzelnen nimmt nun aṭ Ṭûsî unter Berufung auf frühere Imâmiten eine Korrektur an der geläufigen syntaktischen Lehre über den verschiedenen Gebrauch unserer Präposition vor. Er identifiziert das *bi lil'ilṣâq* (d. h. zur Bezeichnung der Berührung) mit dem *bi litta'dija* (d. h. zur Transitiv-

[1]) Berl. 4785 fol. 16 b. قد ثبت ان الباء لها مراتب فى دخولها فى الكلام فتارة تدخل للزيادة والالصاق وتارة [fol. 17 a] تدخل للتبعيض ولا يجوز حملها على الزيادة والالصاق الا لضرورة لان حقيقةً موضوع الكلام لفائدة حاصلة اذا صدر من حكيم عالم وبها يتميّز من كلام الساهى والنائم والهاذى ولان الباء انما تدخل للالصاق فى الموضع الذى لا يتعدّى الفعل الى المفعول بنفسه مثل قولهم مررتُ بزيد وذهبت بعمرو والمرور والذهاب لا يتعدّيان بانفسهما فدخلت الباء لتوصّل الفعلَين الى المفعولين فاما اذا كان الفعل ممّا يتعدّى بنفسه ولا يفتقر فى تعديته الى الباء ووجدناهم ادخلوا الباء عليه علمنا انهم ادخلوها لوجود فائدة لم تكن فهى التبعيض وقوله تعٓ وَٱمْسَحُوا بِرُؤُسِكُمْ ممّا يتعدّى الفعل بنفسه ألَا ترى انه لو قال امسحوا رؤسكم كان الكلام مستقلّا بنفسه مفيدا فوجب ان تكون لدخولها فى هذا الموضع فائدة محدّدة حَسْبَ ما ذكرناه وليس هو الا التبعيض لانا متى حملناها على ما ذهب اليه الخصوم من الالصاق والزيادة كان دخولها وخروجها على حدّ سواء وهذا عبث لا يجوز على الله تعٓ . . . . paulo infra ويدلّ على ان الباء توجب التبعيض من جهة الخبر ما اخبرنا به الشيخ[a]

a) Muḥammad b. Muḥammad b. an Nu'mân al Baġdâdî (gest. 413/1022), zu dessen *muqni'a* aṭ Ṭûsî dies *tahḏîb* als Kommentar schrieb.

machung, vgl. Wright, *Grammar* 3 Bd. II. p. 56 C ff. und 163 D, Rem. e), erfindet dafür aber ein neues, das *bi littab'iḍ* (d. h. zur Bezeichnung eines Teils). Überall da, wo zu einem an sich transitiven Verbum das Objekt statt im Akkusativ mit *bi* hinzutritt, postuliert er nun, es partitiv zu fassen. Hier also: wie nur ein Teil des Kopfes abgerieben wird, die Stirn, so auch nur ein Teil der Füße. Das zweite, was die beiden Vershälften zu ungunsten der letzteren trennt, ist, daß für das Abreiben auf keinen Fall frisches Wasser aus dem Gefäß in die Hand geschöpft werden soll. Wenn nun freilich auch in Imâmitenkreisen gerade für letzteren Punkt *ḥadîṯe* umgehen, die frisches Wasser verlangen, so hat aṭ Ṭûsî, der sich in diesem Werk auch die Aufgabe der Traditionskritik stellt, eine bequeme, von ihm häufig angewandte Methode, sie zurückzuweisen: es sind *taqîja-ḥadîṯe*, d. h. sie sind aus Furcht und Vorsicht vor den übrigen Muslimen gefälscht, oder die Gewährsleute sind Sunniten und Zaiditen [1]). Selbst daraus schlägt der Imâmit Kapital für seine Exegese, daß in der ersten Vershälfte »Ellbogen« im Plural, in der zweiten »Knöchel« im Dual steht [2]), ein Argument, gegen das Zaiditen [3]) wie Sunniten allen Ernstes zu

---

ايّده الله عن ابى القاسم جعفر بن محمّد عن محمّد بن يعقوب عن علىّ بن ابرهيم عن ابيه ومحمّد بن اسمعيل عن الفضل بن شاذان جميعا عن حمّاد بن عيسى عن حريز عن زرارة قال قلتُ لابى جعفر عم الا تخبرنى من اين علمتَ وقلتَ ان المسح ببعض الراس وببعض الرجلين فضحك ثم قال يا زرارة قال رسول الله صلّى الله عليه وآله ونزل به الكتاب من الله لان الله تعٓ يقول اغْسِلُوا وُجُوهَكُمْ فعرّفنا ان الوجه كلّه ينبغى له ان يُغسل ثم قال وَأَيْدِيَكُمْ إِلَى ٱلْمَرَافِقِ ثم فصل بين الكلامين فقال وَٱمْسَحُوا بِرُؤُسِكُمْ فعرّفنا حين قال بِرُؤُسِكُمْ ان المسح ببعض الراس لمكان الباء ثم وصل الرجلين بالراس كما وصل اليدين بالوجه فقال وَأَرْجُلِكُمْ إِلَى ٱلْكَعْبَيْنِ فعرّفنا حين وصلهما بالراس ان المسح على بعضهما

[1]) Ibid. fol. 16 b. فاما ما رواه ابن عقدة عن ..... جعفر [الصادق] بن محمّد ... قال خذ لراسك ماء جديدا فالوجه فيه ايضا ما قدّمناه من التقيّة لانّ رجاله رجال العامّة والزيديّة

[2]) cf. ibid. fol. 20 b.

[3]) z. B. Ibn Muẓaffar (s. unten S. 35) in Berl. 4943 fol. 39 b.

polemisieren für notwendig hielten, wie man denn auch über die Definition von »Knöchel« in Disput geriet. Und so kommt denn aṭ Ṭûsî nach allen gründlichen Weitschweifigkeiten unter Berufung auf den Imâm Muḥammad al Bâqir in der Exegese der zweiten Vershälfte zu dem Resultat: »Wenn [1]) man nur an einem Teil vom Kopfe, bzw. an einem Teil von den Füßen zwischen den Knöcheln und dem Zehenspitzenende reibt, so genügt es«.

Alle diese Argumente, die aṭ Ṭûsî, nach seiner Zitierungsart zu schließen, zumeist schon vorfand, kehren bis in die jüngste Literatur in ermüdender Einförmigkeit als hartnäckig festgehaltenes imâmitisches Sondergut wieder, z. B. bei Muḥammad b. Murtaḍâ Muḥassin al Faiḍ al Kâšânî (10. Jahrh. H.) [2]). Der prinzipielle Unterschied zwischen den beiden Vershälften ist übrigens nicht das einzige exegetische Problem im Streite der Parteien, wie nur noch an Einem Beispiel gezeigt werden möge: Selbst die harmlose Präposition »bis zu« den Ellbogen, »bis zu« den Knöcheln wird heftig umstritten. Die Imâmiten setzen dies *ilâ* dem *min lil ibtidâ'* (Wright, l. c. II. 131 A) gleich, bezeichnen also die Ellbogen als die Stelle, von der man anzufangen habe. Selbst ein so kurzgefaßter Kommentar wie der des Abû 'l Ḥasan ʿAlî b. Ibrâhîm al Qummî [3]) vergißt nicht, diese Interpretation anzudeuten. Es ist eigentlich nun nicht recht verständlich, warum aṭ Ṭûsî zur Stütze dieser Auffassung aus Alltagssprachgebrauch, Qor'ân und den klassischen Dichtern Imru'ulqais und an Nâbiġa Belege für das *ilâ lil muṣâḥaba* (zur Bezeichnung der Begleitung oder Hinzufügung, Wright II p. 145 B) holt [4]); denn diese kommen doch noch mehr den Gegnern zugute, die das »bis zu« als »einschließlich« fassen, *'ilâ* durch *maʿa* wiedergeben. Das exegetische Kunststück scheint aber auch den Imâmiten nicht genügt zu haben, festhalten wollte man diese Eigentümlichkeit aber unbedingt. Und so wurde denn um dieser Kleinigkeit willen Textkritik getrieben, oder vielleicht deutlicher gesagt, eine Textkorrektur versucht. Ein *ḥadîṯ*, das mit geschlossenem *isnâd* auf den Imâm Abû ʿAbdallâh Ǵaʿfar aṣ Ṣâdiq zurückgeht, gibt *min* als die richtige Lesung an. Aṭ Ṭûsî spricht sich über die Echtheit dieser Tradition nicht aus, sondern meint nur nachdenklich: »Bei dieser

---

[1]) Berl. 4875 fol. 21 a فاذا مسح بشيء من راسه او بشيء من رجليه مما بين الكعبين الى آخر اطراف الاصابع فقد أجزاه (Cod. add. قدميه)

[2]) *Aṣ ṣâfî fî tafsîr al qur'ân*, Teheran 1316, p. 145.

[3]) *tafsîr al qur'ân*, Teheran 1311—13, p. 151.

[4]) l. c. fol. 15 b (sehr ausführlich).

Lesart wäre die ganze Frage (nach der Anfangsstelle des Waschens) hinfällig«[1]).

§ 3. Ist mit solcher vermeintlichen Akribie um die ganz geringfügigen quantitativen Differenzen gestritten worden, und das mit einem derartigen Eifer, daß al Hâdî den Standpunkt der imâmitischen Vettern, die er nicht unterläßt in diesem Zusammenhang Râfiḍiten zu schimpfen, als »nichtig, unsinnig und verderblich«[2]) bezeichnet, so kann man sich eine Vorstellung machen von der Hitze des Kampfes um den qualitativen Unterschied, ob statt der Füße die Fußbekleidung abgerieben werden dürfe. Wenn auch die ganze Frage des *masḥ ʿalâ ʾl ḫuffain* ihrer Materie nach für unser Empfinden so inkommensurabel ist, daß man immer wieder versucht ist, für die Darstellung einer solchen »Lappalie«[3]) sich zu entschuldigen, so entschädigt sie doch in der Form, in der sie uns entgegentritt, reichlich durch den Einblick, den sie uns in die *Fiqh*wissenschaft gewährt. — Das bisher Gesagte berührte im wesentlichen das Verhältnis von *fiqh* und Qorʾân. Doch traten gerade an entscheidenden Stellen für die Exegese ausschlaggebende Traditionen auf, sowohl bei al Hâdî als bei aṭ Ṭûsî, und auch al Baiḍâwî stützt jene Lesart mit dem Akkusativ, die er an erster Stelle bringt, vor allem durch die »bekannte Sunna«. Ganz besonders aber illustriert das *masḥ ʿalâ ʾl ḫuffain* das Verhältnis von *fiqh* und Tradition. Denn letztere ist hier die Einzige materiale Basis. Das hl. Buch sagt darüber kein Wort. Da unser locus classicus vielmehr deutlich die

---

1) l. c. fol. 15 b ... ويؤكّد ان الى فى الآية ليست بمعنى الغية ما اخبرنى به الشيخ [يعنى محمّد بن محمّد بن النعمان البغدادىّ] ايّده الله عن ابى القسم جعفر بن محمّد عن محمّد بن يعقوب عن محمّد بن الحسين وغيره عن سهل بن زياد عن علىّ بن الحكم عن الهيثم بن عروة التميمىّ قل سألتُ اب عبد الله عمّ عن قوله تعّ فَاغْسِلُوا وُجُوهَكُمْ وَأَيْدِيَكُمْ إِلَى ٱلْمَرَافِقِ فقال ليس هكذا تنزيلها انما هى فاغسلوا اوجهكم وايديكم مِنَ المرافق ثم امرّ يده من مرفقه الى اصابعه وعلى هذه القراءة يسقط السؤال من أصله

2) Wien cod. Gl. 63 fol. 13 a; [v. supra p. 24 no.] فامّا ما تقول به الروافض من المسح على الرجلين فهذا باطل محال فسد

3) I. Goldziher, *Vorlesungen* S. 273.

Fußabreibung verlangt, so muß man ihn zunächst unschädlich machen, um Raum für die Sunna zu gewinnen. Das geschieht auf die Weise, daß man die Stelle erst einmal durch die exegetische Prinzipienfrage nach dem Umfang der Verbindlichkeit hindurchpassieren läßt. Aš Šâfi'î sagt: An und für sich »ist es möglich, daß der Befehl betreffs der Fußwaschung auf alle, die das *wuḍû'* vollziehen, geht, [aber] es ist auch möglich, daß er auf einige von ihnen geht unter Ausschluß der übrigen«[1]). Da nun für ihn die *ḥadîṯe* zugunsten des *masḥ 'alâ 'l ḫuffain* hinreichend beglaubigt sind, so hat man sich für letzteres zu entscheiden, d. h. in der Sprache des *fiqh* ausgedrückt: die Stelle ist *ḫâṣṣ*, nicht *'âmm* (s. oben S. 15). Das ist auch so ein Kunstgriff, echt charakteristisch! Man braucht nur bei einem Autor zur Stelle »und reibet (waschet) eure Füße« eine Bemerkung zu finden wie: »d. h. wenn sie nackt sind oder in lockerer Bekleidung«[2]) (die den oben S. 22 geforderten Bedingungen nicht entspricht), und man weiß, man hat einen Orthodoxen vor sich. Die nach solcher Beschränkung auf den besonderen Fall entstandene Lücke ist nun überreichlich durch Traditionen ausgefüllt. 70 Gefährten des Propheten als Gewährsmänner zu nennen, machte sich al Ḥasan al Baṣrî anheischig[3]). Hier sei erinnert 1: an das *ḥadîṯ* mit Muġîra b. Šu'ba[4]) als Urtradenten, der berichtet, daß der Prophet während des Feldzuges nach Tabûk i. J. 9/630 nach Erledigung eines Bedürfnisses nur das *masḥ 'alâ 'l ḫuffain* vorgenommen habe; 2. das *ḥadîṯ* des Sa'd b. abî Waqqâṣ[5]), das durch 'Abdallâh, den Sohn des Chalifen 'Omar weitertradiert wurde, nachdem es durch 'Omar selbst bestätigt war, und vor allem 3. das des Ǵarîr b. 'Abdallâh al Baǵalî[6]). Wie begegnen die Gegner des *masḥ 'alâ 'l ḫuffain*, hier vor allem die Zaiditen, solchem Material? Recht übersichtlich findet man es zum Zweck der Zurückweisung von einem Späteren zusammengestellt: Muḥammad b. Aḥmad b. Jaḥjâ b. Muẓaffar (lebte um 900/1494). Ich versuche den pompös-bombastischen Titel seines juristischen Werkes als ein Spezimen der späteren Literatur wiederzugeben: »Buch des Gartens, der schöne Früchte vereint und

---

1) *k. al umm*, Cairo 1321—26, Bd. I, 27 Mitte.

2) Qasṭallânî (zu Buḫârî, *bâb ġusl ar riǵlain*) Bûlâq 1304 ff. I 248.

3) Qasṭallânî I, 278; (Muslim mit) Nawawî, Bûlâq 1283. I, 337.

4) Buḫârî, *k. al wuḍû'* Nr. 48 bei Krehl I, 53 — Muslim (mit Nawawî) l. c. I 339/40 — Abû Dâ'ûd, Cairo 1280, I, 15 — an Nasâ'î, Cairo 1312, I, 31/32 — b. Mâǵa, Delhi 1282 S. 41 — Tirmiḏî, Delhi 1266, S. 19. Mâlik b. Anas mit Zurqânî, Cairo 1279/80 I 70/71.

5) Buḫ. l. c. — an Nasâ'î, I, 31 — Mâlik, I 71/72.

6) Muslim, I, 337/38 — Abû Dâ'ûd, I, 16 — an Nasâ'î, I, 31 — b. Mâǵa S. 41 — Tirmiḏî, S. 19 — Aḥmad b. Ḥanbal, *musnad*, Cairo 1313. Bd. IV, 358; — fehlt bei Buḫârî und Mâlik.

Hyazinthen- und Korallenblüten hervorbringt, die Beweise für die Fragen im *bajân* aus Sunna und Qor'ân vorträgt und Blumen sprießen läßt; entnommen dem *intiṣâr*, für den Forscher zur Erleichterung der Kritik der Schulargumente, was von ihnen widerlegt und was widerlegend sei.« Das besagt: zu einem früheren zaiditischen Werke mit dem Stichwort *bajân*, etwa »Darlegung«, welches die Unterscheidungslehren darstellte, werden die Beweise aus dem hl. Buche und der Tradition nachgetragen aus dem (18bändigen) *intiṣâr*, etwa »Sieg«, des zaiditischen Imâm al Mu'aijad Aḥmad b. Ḥamza (gest. 749/1348), eines entsetzlichen Vielschreibers (vgl. AHLWARDT zu Berl. 4950 Nr. 99—140; BROCK. II 186 b. 2). Ibn Muẓaffar [1]) leugnet nicht etwa ohne weiteres die Echtheit der *ḥadîṯe*. Am bequemsten macht er es sich mit dem Ausspruch von al Ḥasan al Baṣrî, mit dem *ḥadîṯ* des Muġîra b. Šu'ba und einem ähnlichen des ersten Mu'aḏḏin Bilâl. »Sie sind abgeschafft (*mansûḫ*, s. oben S. 14 u. 16) durch den Vers in der Sûre »Tisch« (Name der 5. Sûre); denn das *masḥ 'alâ 'l ḫuffain* wurde geübt in Mekka, die Sûre »Tisch« wurde geoffenbart in Medîna. Ganz anders wird das *ḥadîṯ* des Sa'd b. abî Waqqâṣ mitgenommen: da zieht der Sa'd in einer amtlichen Mission zu 'Omar. Als er ankommt, beschwert er sich ganz aufgeregt über einen Mann aus seinem Gefolge: »Was mir von 'Ammâr

---

[1]) Berl. 4943 fol. 40 a روى بلال . . . وروى المغيرة . . . وعن الحسن البصرىّ

. . . قلنا هذه الاخبار منسوخة بآية المائدة لانّ المسح على الخفّين كان في مكّة وانه المائدة نزلت فى المدينة لِمَا روى زيد بن علىّ عن علىّ عم انه قال لمّا كان فى ولاية عمر جاء سعد بن ابى وقّاص فقال لعمر يا امير المؤمنين ما لقيتُ من عمّار فقال له وما ذلك فقال خرجت وانا أريدك ومعى الناس فأصوت مناديا ينادى بالصلوة ثم دعوت بطهور فتطهّرت ثم مسحت على خفّىّ وتقدّمت اصلّى فاعتزلنى عمّار فلا هو صلّى ولا هو ترك وجعل ينادى من خلفى يا سعد صلوة من غير وضوء فقال عمر يا عمّار اخرج ممّا قلتَ فقال نعم كان المسح قبل المائدة فقال عمر ما تقول يا ابا الحسن فقال اقول ان المسح كان من رسول الله صلعم فى بيت عائشة والمائدة نزلت فى بيتها فأرسل عمر الى عائشة فقالت كان المسح قبل المائدة فقال لعمر والله لئن يقطع قدماى بعقبيهما احبّ الىّ من ان امسح عليهما . . . paulo infra وروى عن ابى هريرة انه قال ما أُبالى على ظهر خفّىّ مسحتُ او على ظهر خمارى [Cod. حْمارى] [قالوا اسلم . . . v. infra p. 39 no. 2]

widerfahren ist!« — »»Nun was denn?«« — Unterwegs habe er (Sa'd) eine vorgeschriebene *ṣalât* angeordnet, den Gebetsrufer bestellt, die Waschung vorgenommen und zwar für die Fußwaschung in der Form des *m. 'a. ḫ.* und dann selbst als Vorbeter fungiert. 'Ammâr macht nicht mit, bleibt aber hinter ihm in den Reihen der Betenden stehen und ruft: »O Sa'd, das ist eine *ṣalât* ohne *wuḍû'*!« Der Chalif untersucht die Frage, da der Angeklagte sich darauf beruft, daß das *m. 'a. ḫ.* nur vor der Offenbarung der Sûre 5 gültig gewesen sei, während Sa'd behauptet, daß Sûre 5 und die Praxis des *m. 'a. ḫ.* beide in die Medinische Zeit fielen. Der Chalif sendet zur Prophetenwitwe 'Â'iša. Sie konstatiert: »das *masḥ* war vor dem Tisch«, und trägt in ihrer temperamentvollen Art dem Boten dazu auf: »Sage dem 'Omar: Bei Gott! wahrhaftig, daß mir beide Füße mitsamt den beiden Fersen abgehackt würden, wäre mir lieber, als daß ich über sie beide hinriebe.« Die »Mutter der Gläubigen« unter den Propheten für die Jünger ihrer Erzfeinde 'Alî und Fâṭima! Es gehört zu den bekannten niedlichen kleinen Bosheiten im innerislâmischen Schulstreit, daß man ein echt šî'itisches *ḥadîṯ* einem anerkannten Orthodoxen in den Mund legt, wie umgekehrt ja oft 'Alî für spezifisch Orthodoxes bürgen muß. Verstärkt wird dies Spiel hier noch dadurch, daß vor das *matn*, in dem 'Omar und 'Â'iša als Hauptpersonen auftreten, das *isnâd* mit Zaid selbst hinzutritt. Noch mehr Bedenken aber erregt der Zusatz der 'Â'iša. Für sich genommen könnte er dem Wortlaut nach wohl zu ihr passen, bzw. ihr in aller pia fraus von Orthodoxen angedichtet sein. Denn nach dem nächsten Zusammenhang bezieht sich das »über sie beide hinreiben« doch auf »die Füße (und Fersen)«, d. h. es ist gar nicht von dem Ausnahmefall *m. 'a. ḫ.* die Rede, sondern nur von dem Waschen statt des Reibens der Füße. Doch wird man der Frage, ob der Verfasser, sei es gedankenlos, sei es in täuschender Absicht, den Ausspruch in einen falschen Zusammenhang gebracht habe, durch die allgemeine Bemerkung aus dem Wege gehen dürfen, daß die Araber in ihrem freieren Gebrauch der Pronomina dem Leser manches zuzutrauen pflegen. Interessant aber ist, daß das Schlagwort schon von al Hâdî gebraucht wird, und zwar als eigener Ausspruch, zudem in bewußter Erweiterung, so daß beide Kontroversen zugleich berücksichtigt werden, die gegen die Imâmiten und die gegen die Sunniten. »Wahrlich![1]) daß mir beide Füße abgehackt

---

[1]) Wien. cod. Gl. 63. l. c. قال يحيى بن الحسين رحمة الله عليه ما أُبالى أَمَسحتُ على رجلىّ ام مسحت على خفّىّ وما أبالى امسحت على خفّىّ ام مسحت على سرجى لئن تنقطع رجلىّ أحبّ الىّ من ان أمسح

würden, wäre mir lieber, als daß ich über meine Fußbekleidungen oder über sie beide [die Füße] hinriebe oder das Waschen beider [überhaupt] unterließe«. Im selben Zusammenhang gebraucht er andere Schlagwörter als sein eigen, die Ibn Muẓaffar dem bekannten vielberufenen Überlieferer Abû Huraira beilegt: »Es ist ganz gleich, ob ich über meine Füße reibe oder über meine Fußbekleidung; und ganz gleich, ob über meine Fußbekleidungen oder über meinen Sattel [1].«

Wir sahen, der ganze Streit wird auf die Abrogationsfrage hinausgespielt. »Das *m. ʿa. ḫ.* war im ersten Islâm«, so sekundiert der Ḫâriǵit Aṭfîš [2]) den Šîʿiten. Es handelt sich demnach darum, das zeitliche Verhältnis zwischen Sûre 5, 8 und den Traditionen aufzuzeigen. Denn mit der orthodoxen Beschränkung der Qorʾânstelle auf den besonderen Fall und der Ausfüllung der Lücke durch *ḥadîṯe* für die übrigen Fälle ist es nicht getan. Auch der Unsinn des *ʿâmm* und *ḫâṣṣ* hat seine Methode. Nach einem wenigstens formal als gemeinislâmisch anerkannten Grundsatz über die Bewertung des hl. Buches und der Tradition steht es für vorliegenden Fall den Sunniten fest, daß Sûre 5, 8 völlige, keine Ausnahme duldende abrogierende Kraft hätte, wenn sie später wäre als die Traditionssätze. Für die Gegner des *m. ʿa. ḫ.* sprach nun stark der Umstand, daß die fragliche Sûre »der Tisch« drei Verse vorher jene Stelle enthält, die vielfach von den Muslimen als die letzte Offenbarung Muḥammad's angesehen wurde: 5, 5 »Heute habe ich euch eure Religion vollendet« [3]). Um so mehr kam es für die Sunniten auf eine späte Datierung des im *matn* der *ḥadîṯe* vorgetragenen *qaul* oder *fiʿl* an. Nun unterschlägt aber Ibn Muẓaffar bei seiner Aufzählung der Traditionen z. B. in der des Muǵîra gerade das Wesentliche, die

---

على خفّى او عليهما او اترك غسلهما لان الفرض فى غسلهما كما ذكرنا
واحتججنا به فى اوّل كلامنا من قول الله وقول رسول الله صلعم [ومن
الحجّة على ... [v. supra p. 29 no. 1 l. 5

[1]) Das entsprechende Wort bei Abû Huraira (s. Schluß der vorletzten Note) möchte ich lesen: خمارى = über die Außenseite meines Schleiers hin, weil damit eine Korrelativfrage zum *m. ʿa. ḫ.* aufgeworfen ist: ob man statt der Gesichtswaschung sich mit einer Abreibung des Schleiers begnügen dürfe, vgl. die Überschrift bei al Hâdî oben S. 24. Der Abschreiber aber verlangt ausdrücklich »über meinen Esel«, eine Lesung, die vielleicht durch »Sattel« hier gestützt wird.

[2]) *k. wafâʾ aḍ ḍamâna...* I, 34.

[3]) z. B. Jaʿqûbî II, 33/34; aber selbst wenn dies die jüngste Stelle wäre, würde das nichts beweisen, da die Anordnung zu Sûren nicht auf Offenbarungseinheiten beruht. Um den Autoren aber kein Unrecht zu tun, bemerke ich, daß man den Ausdruck نزلت المائدة vielleicht nicht pressen darf, sondern ihn in diesem Zusammenhang prägnant nur vor dem hierhergehörenden 8. und 9. Vers zu verstehen hat.

Zeitbestimmung »Feldzug nach Tabûk« [1]) und fährt dann kurzerhand fort, wie wir bereits sahen (S. 36): »das war noch in Mekka«, also vor der Hiǵra. Freilich ist letzteres nicht gemeinzaiditische Auffassung. Zaid's Form der Tradition des Sa'd (oben S. 37) sah ja keine Schwierigkeit in der Anerkennung des *m. ʿa. ḫ.* noch für medînische Zeit. So würde denn auch ein gewiegter Zaidit, der von der Echtheit der Zeitbestimmung im Satze des Muǵîra überzeugt ist, schon einen Ausweg finden. Denn vom Feldzug nach Tabûk bis zum Tode des Propheten blieben immer noch zwei Jahre zur Datierung der Sûre »Tisch«.

Zwei Jahre ist ein zu weiter Spielraum. Noch enger müssen die Sunniten den Gegnern den Weg verbauen. Wir lesen bei aṭ Ṭabarî I, 1763 nach al Wâqidî: Im Monat Ramaḍân des Jahres 10/Nov.-Dez. 631, also 6 Monate vor Muḥammad's Tod, trat Ǵarîr b. ʿAbdallâh al Baǵalî zum Islâm über. Dieser Ǵarîr ist nun mit einer Tradition, daß er am Propheten das *m. ʿa. ḫ.* beobachtet habe, der sunnitische Kronzeuge. Lag bei dem Satze des Muǵîra für die Gegner die Schwierigkeit im *matn* der Tradition, so liegt sie hier im *isnâd*. Es heißt also Kritik der Gewährsmänner zu üben. Freilich an der tadellos geschlossenen Kette konnte Ibn Muẓaffar, bzw. der Imâm al Mu'aijad Jaḥjâ b. Ḥamza nicht rütteln. Also muß die Persönlichkeit des Urtradenten angegriffen werden. Ǵarîr ist einfach abzulehnen als »schwach an Glaubwürdigkeit« [2]), weil er auf seiten Muʿâwija's gegen ʿAlî gestanden hat. — Man muß doppelt Verwahrung einlegen gegen eine solche Kritik der Gewährsmänner, erstens überhaupt gegen den Maßstab, daß jeder nicht zur Partei Gehörige unglaubwürdig genannt wird, zweitens, daß hier um einer unbequemen Aussage willen der Zeuge zu unrecht verdächtigt wird. — Die Araber haben einen Sinn für Personen. Schwerlich hat uns irgendein anderes Volk so viel Namen und soviel persönliches Detail aufbewahrt. Aneinandergereihte Biographien mit fast naiv zu nennenden Einzelzügen sind eine wesentliche Vorstufe der islâmischen Geschichtswerke. So sind wir über unseren

---

[1]) Berl. 4943 fol. 40 a; [v. supra p. 36 no. 1] وروى المغيرة انّه صلعم مسح على الخفّين فقلتُ له يا رسول الله نسيتَ فقال بل انت نسيت بهذا امرنى ربّى [وعن الحسن البصرىّ v. supra p. 36 no. 1

[2]) Berl. 4943 fol. 40 a; [v. supra p. 36 no.] قالوا اسلم جرير بن عبد الله بعد المائدة وروى المسح قلنا هو ضعيف العدالة مطعون فيه لانه لحق بمعاوية ووالاه مع ضهور عداوته وحربه لامير المؤمنين عم وأدنأ درجاته بسقوط عدالته [قالوا الحاجة ... v. infra p. 42 no. 1

Ǵarîr nicht übel unterrichtet. Er stand auf seiten ʿAlî's, wurde von ihm sogar mit einer Mission an Muʿâwija betraut [1]) und hat sich erst im weiteren Verlauf des Streites wie mehrere der besten aus der guten alten Zeit unparteiisch von der politischen Öffentlichkeit zurückgezogen. Der Boden würde einem unter den Füßen entgleiten, müßte man nach dem Faqîhgeschwätz eines Ibn Muẓaffar die Geschichte korrigieren. Es ist überhaupt — schon an unserm kümmerlichen Beispiel — fast betrübend anzusehen, wie die juristische Polemik Unsicherheit in die ganze Geschichtswissenschaft hineinträgt. Bei den Alten noch die schlichte Tatsache: er trat über im Jahre 10. Als einer der jüngeren gewissenhaften Vertreter der *ʿilm ar riǵâl*, Ibn Ḥaǵar al ʿAsqalânî (gest. 852/1449 zu Cairo), das Material über die Gefährten des Propheten sammelte, fand er bei Ǵarîr völlige Verwirrung [2]). Er wagt nicht mehr, sich für das Jahr 10 definitiv zu entscheiden. Ihm liegen Berichte vor wie: erst »40 Tage vor Muḥammad's Tod« — das haben die orthodoxen Traditionarier und Juristen getan mit ihrem stereotyp wiederkehrenden absichtsvollen »er trat über nach (der Sûre) Tisch« — und gar Berichte — das sind die Šîʿiten gewesen — »er trat über gleich nach der Berufung des Propheten«. Auch ein Beitrag zur Frage: Wer waren die ersten Gläubigen im Islâm? Und Nöldekes Wort von der »tendenziösen Gestaltung der Urgeschichte des Islam« [3]) erhält eine neue traurige Bestätigung und könnte einem die unbefangene Freude an dem hübschen, etwas naiv ausgeschmückten Detail [4]) nehmen, das uns von dem schönen Ǵarîr erzählt wird, der so lang war, daß er beim Reiten immer auf dem Höcker des Kamels sitzen mußte, dessen Fuß fast eine Elle maß; einer anima candida, dem »Josef der Gemeinde«, den der Prophet und ʿOmar und ʿAlî gleich sehr liebten, und der fern von der Politik und ihrem Kriegsgeschrei zu Qarqîsijâʾ eines friedlichen Todes starb. Und der muß sich einen Lügner schimpfen lassen, bloß weil er einmal das Unglück gehabt haben soll, zu sehen, wie der Prophet bei einem *wuḍûʾ* sich nicht die Füße wusch.

Den bisherigen Traditionen mußten die Zaiditen, sei es im *isnâd*, sei es im *matn*, Gewalt antun. Nun gibt es aber auch unter der Fülle der islâmischen Traditionen Ausprüche von fast pythischer Kürze

---

[1]) Auch der šîʿitisch gesinnte Historiker Jaʿqûbî II, 214 bringt kein Tatsachenmaterial gegen seine bona fides bei dem Vermittelungsversuch zwischen ʿA. und M. vor.

[2]) *Al iṣâba fî tamjîz aṣ ṣaḥâba.* Cairo 1323. Nr. 1132. Bd. I S. 242.

[3]) Z. D. M. G. 52.

[4]) Vgl. auch Tirmiḏî S. 630 unten — b. Qutaiba, *maʿârif* (ed. Wüstenfeld) Göttingen 1850. p. 149 u. 289.

und Dunkelheit, die uns das Schauspiel geben, daß ein und derselbe Satz von den verschiedenen Schulen ganz verschieden aufgefaßt wird; Traditionen, die eben, weil sie sich nicht ganz mit Einer bestimmten Schulmeinung decken, etwas weniger kritisch stimmen. Für unsere Frage gehört hierher der »Fersen«satz: Der Prophet rief einmal bei einem *wuḍû'* den Gläubigen zu: »Wehe den Fersen (Variante: den Knöchelflechsen) vor dem [Höllen]feuer.« Die Zaiditen [1]) beziehen diese Drohung auf ungewaschene Fersen überhaupt, also auch auf das *m. 'a. ḫ.*; die Sunniten [2]) dagegen auf das unvollständige Reiben der Imâmiten statt des Waschens, der Ausnahmefall werde dadurch nicht berührt. Der ganze Satz hilft also nichts zur Klärung der Streitfrage. Es liegen hier vielmehr in einer beiderseits anerkannten Tradition dieselben Differenzen vor wie in der beiderseits anerkannten Sûre 5, 8, Differenzen der Prinzipienfrage *'âmm* und *ḫâṣṣ*.

Natürlich haben die Gegner des *m. 'a. ḫ.* auch positiv selbständig gearbeitet und dem Propheten deutliche Sätze dagegen in den Mund gelegt. Der Feind hat nicht viel Umstände damit gemacht. Zumal wenn so ein 'Alide mit dem ganzen Stolz seines Hauses, das sich für den Erbpächter der wahren Lehren seines Ahnen Muḥammad hält, auftritt und vornehm nachlässig seine Sätze anhebt: »Mir erzählte mein Vater von seinem Vater von seinem Vater usw.« oder: »Die Glieder des hl. Hauses berichten« oder einfach: »von 'Alî«, dann gehen die Sunniten mit noch größerem Gelehrtenstolze auf die raffinierte Technik ihrer sorgfältigen Filiation darüber hinweg durch die hingeworfene Bemerkung: die Tradition hat ja gar kein »verbundenes (lückenloses) *isnâd*« (Qasṭ l. c.).

Qor'ân und Sunna, die materialen Normen, haben versagt. Der Streit greift auf die formalen über: Das *m. 'a. ḫ.* ist ein Ausnahmefall. Nun gibt es einen anderen allgemein als gesetzlich anerkannten Ausnahmefall, in dem statt der Waschung eines Körperteils die Abreibung seiner Bekleidung gestattet ist: Bei einer Wunde reibt man nur über

---

[1]) Berl. 4943 fol. 40 a قوله [sc. فى البيان] لا يجزئ المسح على الخفّين وذلك للآية ولقوله صلعم واغسلْ رجليك وألغى المسح ولقوله بعد غسلهما هذا وضوء لا يقبل الله الصلوة الا به ولانه صلعم رأى قوما تلوح اعقابهم فقال ويل للعراقيب من النار وفى حديث ويل للاعقاب من النار وقال [ابو] ح[نيفة] و[ال]ش[افعىّ] انه يجزئ لما[روى بلال انه ... v. supra p. 36 no. 1]

[2]) Buḫ. k. al wuḍû' Nr. 27 bei KREHL I, 24 — Muslim I, 318/19 — Nasâ'î I, 30 Mitte — b. Mâǵa, S. 36 — Tirmiḏî, S. 10.

die Bandage hin. Da argumentiert der Sunnit: Es liegt doch auch ein Bedürfnis vor, die Füße zu bekleiden. Aber, so zerstört ihm der Zaidit [1]) das *qijâs*: das tertium comparationis ist falsch, denn eben die Fußbekleidung ablegen bedeutet doch keine Pein, wie das Abnehmen der Bandagen von einer Wunde.

Es hieße den circulus vitiosus schließen, wollte man die Frage noch durch das *iǵmâ'* hindurchmustern: hier angeblicher consensus aller Gefährten des Gesandten und aller alten Lehrer, dort ebenso vermeintlicher consensus der Imâme des hl. Hauses. Denn im *iǵmâ'* als Formalprinzip (s. oben S. 17) würde alles bisher gebrachte Material noch einmal erscheinen, nur in anderer Form, und zwar als einfache Aussage des Resultates der dialektischen Erwägungen, während das *iǵmâ'* als subjektives Prinzip noch einmal die Tatsache konstatieren würde, daß der Islâm zwar mehrere, aber für den jeweiligen Kreis ganz feststehende Formen unseres Ritus ausgebildet hat.

§ 4. Uns seien bei der Verworrenheit des Materials und der Fremdartigkeit für unser Empfinden nur zwei vorsichtige Bemerkungen oder Vermutungen gestattet, die eine aus der Sphäre der Frage: Wer hat recht? die andere zur Frage: Was macht diese Trivialitäten so wichtig? — In der Differenz des Fußwaschens und des Fußabreibens stimmt die letztere, die imâmitische Form so auffällig gekünstelt korrekt mit dem Buchstaben von Sûre 5, 8 überein, daß sie am ersten verdächtig ist, den Sinn der Stelle geopfert zu haben. Befreit man dagegen das, was al Baiḍâwî von dem »Reiben, das sich einem Waschen nähert« (oben S. 28) sagt, aus der etwas hilflosen Komik, in die es durch die gegnerische Dialektik getrieben ist, so stellt es sich gar nicht als so uneben dar. Im Gegenteil, alles Waschen besteht in einem Abreiben. Es ist also sehr wohl zu verstehen, daß die ersten unbefangenen Hörer dieses Gebotes hier die weitverbreitete religiöse Zeremonie der Fußwaschung geboten finden konnten. Wäre die zweite Fassung im Sinne des Gesetzgebers und der ersten Hörer, dann wäre schlechterdings nicht einzusehen, wie entgegen einer Anschauung, die von Anfang an so stark das Gewicht des Wortlautes für sich hatte, sich ein consensus im Sinne des Ibn 'Abbâs (s. oben S. 30) hätte herausbilden können. Dagegen ist es eine durch mannigfache Parallelen zu belegende Erscheinung, daß einer unbefangenen, aus dem ganzen Zusammenhang

---

[1]) Berl. 4943 fol. 40 a; [v. supra p. 39 no. 2] قالوا الحاجة تدعو الى لبس الخفّين وتلحق المشقّة فى نزعهما فجاز المسح عليهما كالجبائر قلنا لا يسلم تساوى المشقّة لان الجبائر على جرح فلا مقايسة بينهما

und Tenor hervorgegangenen Auffassung einer Vorschrift von zentrifugalen Eigenbrödlern, die gern einer psychischen Anlage gemäß von Besonderheiten leben möchten, die bessere, die einzig wahre Auffassung entgegengesetzt wird. Und dazu wird tapfer auf den Buchstaben geschworen. Man erinnere sich, wie der Wortlaut des 3. und 5. Gebots oder der von Jesu Interpretation des 2. (Matth. 6, 34) bis in neueste Zeit das Schibboleth von Denominationen geblieben ist und je und dann wieder von neuem wird. Sind wir demnach geneigt, uns im vorliegenden Fall auf seiten der Nichtimâmiten zu stellen, so sei ausdrücklich betont, daß das nur für das Resultat gilt, nicht für die Begründung. Denn die hier bietet ein Beispiel dafür, wie einer ganz vernünftigen Anschauung sich eine gekünstelte entgegenstellt, der gegenüber die erstere sich nun mit noch künstlicheren Mitteln in einer Weise verteidigen muß, die ihrem Kredit gefährlich wird. — Zum *masḫ ʿalâ ʾl ḫuffain* wird man, nachdem man den Propheten nicht als Pedanten kennen gelernt hat, die Möglichkeit dieser durch seine Autorität geheiligten offiziösen Form zugeben müssen, und die Position der šîʿitischen Gegner wird etwas erschüttert, wenn sie gegenüber der Tradition des Ǵarîr b. ʿAbdallâh zu dem bedenklichen Mittel historischer Fälschung greifen. Freilich stand ihnen, wenn das *ḥadîṯ* nach allen Regeln der Schule erfunden wäre, keine andere Möglichkeit offen, als sich höflich gläubig zu fügen oder mehr oder minder häßlich zu remonstrieren. — Im übrigen ist das *masḫ ʿalâ ʾl ḫuffain* sehr alt. Als man daran ging, das *fiqh* systematisch zu entwickeln, dienten schon der ältesten Schule, den Ḥanefiten, die Einzelheiten des *m. ʿa. ḫ.* als die gegebene (nicht wie oben S. 42 als die gesuchte) Größe, von der man durch ein *qijâs* die Bestimmungen für die Ersatz-Sandabreibung, die doch urislâmisch ist (s. oben S. 13), ableitete [1]). Die Heimat der Ḥanefiten aber ist das ʿIrâq. Und nun beachte man die orthodoxe Gestalt des »Saʿd«*ḥadîṯ*. Den orthodoxen Erklärern selbst ist es aufgefallen, daß dem Sohne ʿOmar's, der von Medîna zum ʿIrâqenser Saʿd kam, das *m. ʿa. ḫ.* unbekannt war. Man vergleiche nur, wie ein Zurqânî (l. c. I, 73) um die Sache herumredet. Wenn dieser Tradition überhaupt irgendwelche historische Erinnerung innewohnt, so hätte sich die Praxis des *m. ʿa. h.* vor allem im muslimischen Neuland festgesetzt, zunächst wohl im Heere, für das ja überhaupt abkürzende Modifikationen in mehreren Ritenfragen vorgenommen wurden. Damit stimmte dann die Vorstellung in der Tradition des Muǵîra überein,

---

[1]) Näheres s. bei einem der Begründer der *Iḫtilâf*wissenschaft, dem Ḥanefiten ad Dabûsî (gest. 430/1039), *taʾsîs an naẓar*. 1. Druck, Cairo o. J., p. 71 f.

daß das *m. ʿa. ḫ.* während eines Feldzuges kanonisiert sei. Zum Parteiprinzip aber erhoben werden konnte der zunächst rein äußerlich bedingte Gegensatz zwischen den beiden Möglichkeiten nur dann, wenn er sich unter ein religiös-kirchliches Bewertungsurteil rücken ließ.

Wenn man es so leicht hätte wie die Rationalisten, könnte man über diese zweite Frage: Was macht jene Trivialitäten so wichtig? gern und leicht hinweggleiten. Vielleicht mit ein paar kulturhistorischen Bemerkungen. Man landete dann am Schluß unserer Frage etwa bei einem Abschnitt: Islâm und Hygiene. Und der ließe sich reichlich illustrieren, u. a. mit einem Satz über den Chalifen ʿOmar und das savoir vivre. Der bereits (S. 30) angedeuteten dankenswerten Prinziplosigkeit des Ibn Mâǵa schulden wir nämlich die Bewahrung von mehreren Traditionen zugunsten des *m. ʿa. ḫ.* »ohne die Zeitbestimmung«[1]) der 1 bzw. 3 × 24 Stunden (s. oben S. 21). Und einmal bringt er folgendes Gespräch als *ḥadîṯ*[2]): Der Genosse ʿOqba b. ʿÂmir kommt aus Egypten zu ʿOmar und befragt ihn über den Fall: »In welchem Zeitraum legst du deine Fußbekleidungen (zum *wuḍûʾ*) nicht ab«? »Von Freitag bis Freitag«, antwortet der Herrscher. »Da hast du die Sunna getroffen«, so lobt der Genosse. Doch wir haben hier gar nicht die Freiheit der eigenen Entscheidung, haben nicht die Wahl, ob wir auf das Tabu und Verwandtes schwören oder Ästhetik treiben sollen. Wir sind durch die Muslime selbst, hier vor allem durch die Zaiditen, religiös für das erstere gebunden. »Das Fußwaschen, das ist das *wuḍûʾ*. Allâh nimmt keine *ṣalât* an außer so« (s. oben S. 41 no. 1). Hier nehmen wir einen (S. 8) angedeuteten Gedanken wieder auf. »Was tust du für mich?« Das ist von der Erdenseite aus gesehen eins der Motive der Religion. Wohl verlegen religiöse Persönlichkeiten die Antwort ins Innere und gewinnen Raum für die Freiheit der Kinder Gottes. Aber wie die christliche Kirchen- und Kultgeschichte nicht die geradlinige Entfaltung des Programms ihres Meisters ist, »Mein Joch ist sanft und meine Last ist leicht« (Matth. 11, 30), so stehen auch die Muḥammedaner da ihrem Muḥammad am fernsten, wo er, selten genug, so innerliche Töne anschlägt. In welchem Gegensatz steht doch die ganze *Fiqh*wissenschaft zu dem ergreifenden Gebet am Schluß der 2. Sûre: »O Herr... lege uns nicht ein Joch auf, wie du denen auferlegt hast, die vor uns waren; o Herr, bürde uns nicht auf, wozu wir keine Kraft haben; verzeihe uns, vergib uns, erbarme dich unser, du bist der Unsere.« Auch im Islâm waren die Jünger nicht wie der Meister, sanken noch unter sein Niveau zurück

[1]) l. c. p. 42.

[2]) l. c. p. 41 unten; cf. Ḫalîl, p. 14 lin. 8/7.

und gaben auf jene Frage die äußerliche Antwort: möglichst viele schwere Dinge! Mochte nun auch im weiteren geschichtlichen Verlauf der großen Menge einerseits und den wenigen Weitherzigen andererseits der als der Idealjurist gelten, der im Namen der Wissenschaft die Gewissen bei einer »Erlaubnis« beruhigte [1]), so denke man sich aber unter all den Jüngern die Šî'iten, denen die Mehrzahl der Glaubensgenossen schon wegen der Differenz in der Imâmenfrage eine massa perditionis war. Man begreift den Eifer, wie sie bei dem geringen Maße, in dem der statutarische Islâm der Individualität entgegenkommt, auch unter den beiden möglichen Formen der Fußwaschung sich ein Schibboleth wählten. Sie ließen sich abwägen, kamen dem Sinn für verrechenbare Größe entgegen. Und das *m. 'a. ḫ.* wurde als zu leicht befunden. Gewogen haben die übrigen auch. Der Mâlikit Ḫalîl (a. a. O. S. 14) fängt den betreffenden Abschnitt an: »Es ist als Erleichterung (Herabminderung) der Vorschrift eingeführt das *masḥ*....« Und Nawawî [2]) erklärt namens der Šâfi'iten die Fußwaschung für das Vortrefflichere. Freilich erleben wir hier ein ähnliches Spiel wie oben S. 43. Die unbefangene Würdigung wird durch den gegnerischen Kampf verschoben. Wie es bei uns religiöse Kreise gab, die es fast für Verleugnung hielten, am Freitag auch nur zufällig nicht Fleisch zu essen, oder ihr Gotteshaus den bescheidensten künstlerischen Anforderungen entsprechend würdig auszugestalten, so wird auch drüben von manchem das Schwerere als das Geringere bewertet. Daß sich das freilich erst langsam — antithetisch — entwickelt hat, deutet Nawawî [3]) an: Auch die Ḥanbaliten, deren Meister als einziger zugleich das Reiben über dem Turban statt des Kopfes erlaubt [4]), und zwar bezeichnenderweise auf Grund Einer Tradition [5]), haben noch eine Erinnerung daran. Aḥmad b. Ḥanbal soll verschiedene Ansichten vertreten haben: das *m. 'a. ḫ.* sei besser, und: beide seien gleich [6]). Die Abmessung nach »schwer und leicht«, die uns besonders aus Ša'rânî's »Wage« geläufig ist, und für die GOLDZIHER [7]) an das חומרא und קולא der Juden erinnert, könnte dann auch die Zaiditen und die strengen Ḫâriǵiten, für deren Stellung in der Hauptfrage es übrigens in Betracht zu ziehen ist, daß sie historisch von der Šî'a ausgegangen sind, daran gehindert

---

[1]) Vgl. Sufjân aṯ Ṯaurî bei GOLDZIHER, *Vorlesungen* S. 60.
[2]) l. c. II, 337.
[3]) Ibid.
[4]) Berl. 4871 fol. 4 a.
[5]) Ša'rânî, l. c. 149.
[6]) Nawawî II, 337 bestätigt durch aṣ Ṣâliḥî (s. oben S. 22) in Berl. 4871 fol. 4 b.
[7]) Z. D. M. G. 38, 671.

haben, dem in der Šî'a auftretenden Fußreiben statt -waschen sich anzuschließen, während die Imâmiten ihrerseits das Bedürfnis nach sondernder Strenge in der Treue gegen den Buchstaben fanden und so — auch eine sonderbare Gruppierung im *iḫtilâf* — in die alleinige Nachbarschaft von Aḥmad b. Ḥanbal (und Auzâ'î und at Ṯaurî) gerieten. Der scheint nämlich von seiner prinzipiellen Stellung zu den materialen Basen des *fiqh* aus durch den Wortlaut in Verlegenheit gekommen zu sein und gestattete beide Formen [1]).

[1]) Ša'rânî, 150.

Kapitel 4.

Zur Liturgie.

Eine ganz andere Luft umfängt uns, wenn wir den Zaiditen zu ihren Differenzen in der islâmischen Hauptkultform, dem liturgischen Zeremonial der *ṣalât*, folgen. An zwei Stellen erscheint das *iḫtilâf*: zunächst bei der fünffachen regelmäßigen täglichen *ṣalât*, die einmal am Tage, mindestens aber jeden Freitag die Form des stehenden öffentlichen Gottesdienstes annimmt, und dann bei einer Kasualie, der *ṣalât* im Beerdigungsritual. Für die innerislâmische Gruppierung ist es bemerkenswert, daß die Ḫâriǵiten ganz von den Šî'iten abrücken, diese selbst aber hier völlig geschlossen auftreten. Es ist für den weitgehenden consensus aller Muslime bezeichnend, daß der Streit um die regelmäßige *ṣalât* ganz an das äußerste Ende, vor die eigentliche Materie, gedrängt ist: in das *aḏân*, den Gebetsruf. Und zwar betrifft er hier zunächst die prinzipielle Würdigung, dann die Materie selbst.

§ 1. Die prinzipielle Würdigung des aḏân. Bei den Šî'iten weht hier die Legendenluft frommer Konventikel. Die geläufige Entstehungsgeschichte berichtet recht und schlecht: man habe zur Unterscheidung von den Juden, die ihre Gebetsstunden und Gottesdienste durch das Horn anzeigten, und von den Christen, die sich der Holzklappern bedienten, nach einer sondernden Form sich umgesehen (s. oben S. 13). Da habe 'Omar dem Propheten das öffentliche Ausrufen vorgeschlagen [1]). Die würdigen Buḫârî und Muslim, auch Nasâ'î und Ibn Mâǵa kennen nur diese Form. Abû Dâ'ûd aber und Tirmiḏî nehmen auch schon wunderbarere Varianten dieser Erzählung in die Traditionen mit auf: 'Abdallâh b. Zaid und 'Omar hätten gleichzeitig im Traum die Vision des Mu'aḏḏin gehabt. Der Ḫâriǵit Aṭfîš (I. 109 f.) schließt sich den Orthodoxen, auch den letzteren, an. Nun sahen wir bereits, wie zur Begründung der Fünfzahl der täglichen *ṣalât* ganz allgemein eine Legende erfunden wurde (s. oben S. 19). Die Šî'iten erheben das Legendäre zum System. Ganz energisch protestiert al Hâdî in

[1]) Buḫârî, *k. al aḏân*, Nr. 1 (bei Krehl I, 160) — Muslim II, 2. — Nasâ'î I, 102/3 — b. Mâǵa, 51/52 — Abû Dâ'ûd I, 51 — Tirmiḏî 37.

seinem *k. al aḥkâm*[1]) gegen die rationalistische Erklärung der Entstehung des *adân* als eine »unsinnige Lehre, die kein Verständiger annimmt, da das *adân* eine Wurzel der Religion ist. Eine solche aber kann der Prophet Allâh's nicht von der Zunge irgendeines menschlichen Wesens lernen«. Vielmehr hat ihn bei jener berühmten Himmelsreise ein Engel den Gebetsruf gelehrt. Mit satten Farben werden diese Phantastereien von allen Šî'iten ausgeschmückt. Da ist es nach einer Tradition in dem *tahdîb al aḥkâm* [2]) von aṭ Ṭûsî gerade die Zeit einer *ṣalât*. Gabriel selbst spricht die Gebetsrufe. Dann ordnet man sich zur *ṣalât*, wobei Muḥammad vor den Engeln und Propheten rangiert. Eine höchst eigenartige Form hat diese himmlische Feier in einem Berichte aus dem *intiṣâr* (s. oben S. 36) des Imâm al Mu'aijad Jaḥjâ b. Ḥamza, den der Zaidit Naǵmaddîn Jûsuf b. Aḥmad b. 'Oṯmân (gest. 832/1429) in sein *k. az zuhûr* [3]) einen Superkommentar zum *taḥrîr*

---

[1]) Wien cod. Glas. 63 fol. 13 b. [v. infra p. 50 no. 1.] قال يحيى بن الحسين رضه والاذان فأصله ان رسول الله صلعم عُلّمه ليلة المسرى ارسل الله اليه ملكا فعلّمه اياه فاما ما يقول به الجهّال من انه رؤيا رآها بعض الانصار فاخبر بها رسول الله صلعم فامر ان يعلّمه بلالا فهذا من القول محال لا يقبله العقول لان الاذان من اصول الدين واصول الدين فلا يعلمها رسول الله صلعم على لسان بشر من العالمين

[2]) Berl. 4785 fol. 129 a paenult. ... عن ابى جعفر [الباقر] عم لما أُسرى برسول الله ... فبلغ البيت المعمور حضرت الصلوة فاذّن جبرئيل عم وأقام ....

[3]) Berl. 4887 fol. 44 a ... فى مبتدأ الاذان وفى ذلك اقوال حكاها فى الانتصار الاوّل للقاسميّة انه ثُبّت [s. p.] ليلة المسرى [الاسرى .Cod] وذلك .... فخرج ملك .. وهو ينادى بصوته الله اكبر الله اكبر فاجابه مجيب صدق عندى انا الكبير وانا الاكبر فقال الملك اشهد ألّا اله الا الله فقال الملك صدق عندى لا اله الا انا .... الى آخر الاذان وقال الناصر نزل به جبرئيل .. وقالت الفرق الثلاث الشافعيّة والحنفيّة والملكيّة اصله ان رسول الله صلعم اهمّ كيف يجمع الناس للصلوة واستنشار المسلمين .... وهذا الحديث فى البخارىّ والترمذىّ ومسلم وهذا الحديث غير منكر لكن كان بعد ان ثبت [s. p] عند رسول الله صلعم بأحد الوجهين وعن الباقر انه لا يصحّ ان يُثبَّت [s. p.] ركن من اركان الدين برؤيا رجل من الانصار

des Abû Ṭâlib an Nâṭiq, aufgenommen hat. Allâh selbst tritt auf. Es ist im vierten Himmel. Da sind die Engel und Propheten. Ein Engel spricht die einzelnen Sätze des Gebetsrufes vor, und »ein Antwortender« oder »der Engel« respondiert in erster Person; also: »Allâh ist groß! Allâh ist groß!« »»Es ist richtig bei mir (d. h. ich erkenne es als richtig an), ich bin der Große, ich bin der Größte.«« »Ich bezeuge, daß kein Gott ist außer Allâh!« »»Richtig, es ist kein Gott außer mir!«« usw. Man fragt sich mit Recht: wie kommen derartige Spielereien in das *fiqh*, wenn man diesen Ausdruck auch nur halbwegs mit »Jurisprudenz« übersetzen darf? Wir können als Antwort nur die Tatsache angeben, daß sie bei dem »Charakter der Juristerei«[1]), der ganz allgemein dem Islâm aufgeprägt ist, wirklich sub specie jurisprudentiae aufgefaßt wurden, man sie also, will man den Islâm islâmisch begreifen, als rechtliche, festgelegte Normen ansprechen muß. Das zeigt der Zusammenhang, in welchem das *zuhûr*, bzw. das *intiṣâr* die vorstehende Legende bringt: sie ist sogar eine Materie des innerzaiditischen *iḫtilâf*. Bereits im »Staatsrecht der Zaiditen« (S. 100) wurde von einer kaspischen Zaidîja, der Nâṣirîja, und einer jemenischen, der Qâsimîja, gesprochen. Nun wird hier diese Legende ausdrücklich nur als Gesetzesdogma der letzteren bezeichnet, während das Haupt der ersteren, an Nâṣir al Uṭrûš, wohl wieder mit Rücksicht auf die Imâmiten (s. oben S. 30) einen anderen Kanon promulgiert, wonach ebenfalls wie bei aṭ Ṭûsî, bzw. al Bâqir (s. oben S. 48 no. 2) Gabriel der Überbringer ist. Freilich nimmt wenigstens unser später Sammler diesen Unterschied nicht tragisch. Dazu ist er zu sehr Harmonist. Harmonist sogar gegenüber den Sunniten, von denen er die drei Hauptschulen nennt. Ausdrücklich erkennt er das *ḥadîṯ* des Buḫârî, Muslim, Tirmiḏî über die natürliche Entstehung des *aḏân* als »nicht verwerflich« an. Uns interessiert freilich weiter nicht die törichte Art, wie er harmonisiert. Denn es fällt doch sehr ab, wenn er meint, daß man auch auf jene natürliche Weise auf das *aḏân* verfallen sei, »nachdem es bereits beim Propheten auf Grund einer der beiden [Offenbarungs]weisen [der qâsimitischen und nâṣiritischen] feststand«. Wichtiger ist die Gesinnung, die daraus spricht, daß er überhaupt zu vereinen sucht. Und so bietet denn auch diese kleine Nebenfrage ein interessantes Beispiel jener katholisierenden Tendenz, die bei den jüngeren Zaiditen öfters in der Theologie und der Imâmatlehre zu bemerken war. Daß man im vorliegenden Fall mit einem rücksichtsvollen Blick auf die offizielle Hochkirche über al Hâdî's Einseitigkeit hinausgegangen ist, ist um so stärker zu unterstreichen, als wenigstens nach unseren Ge-

[1]) I. Goldziher in *Kultur der Gegenwart* I. III. 1. S. 110.

währsmännern die Imâmiten, als deren Vertreter Muḥammad al Bâqir erscheint, bei ihrer prinzipiellen Ablehnung jener sunnitischen Tradition beharrt zu haben scheinen.

Das Formular des zaiditischen *aḏân* sei nach dem *k. al aḥkâm* [1]) des Hadî, mit dem der Imâmit aṭ Ṭûsî [2]) ganz übereinstimmt, im Wortlaut hergestellt. Jede Formel ist zweimal, aber auch nur zweimal, die letzte einmal zu rezitieren: Allâh ist groß! Ich bezeuge, daß es keinen Gott gibt außer Allâh! Ich bezeuge, daß Muḥammad der Gesandte Allâh's ist! Auf zur *ṣalât*! Auf zum Heil! Auf zum besten der Werke! Allâh ist groß! Es ist kein Gott außer Allâh! — Die materiale Besonderheit ist die bekannte šî'itische Losung: »Auf zum besten der Werke!« [3]). An die Einseitigkeit frömmelnder Separatisten wird man durch diese Sonderbewertung der Gebetsstunden erinnert, die die Šî'iten um so mehr zu betonen Veranlassung finden mochten, als sie in ihrem Anspruch auf das Reich dieser Welt enttäuscht wurden. Al Hâdî selbst legt uns unfreiwillig diese Charakterisierung als Quietismus nahe in einem Satze, der, auf den Kopf gestellt, wohl ganz plausibel ist: der Chalif 'Omar soll die Formel ausgemerzt haben mit dem Bemerken: »Ich fürchte, daß die Menschen zu sehr darauf vertrauen«, oder wie es einmal in einem Zitat in dem *tauḍîḥ* des Ibn Ḥumaid

---

[1]) Wien, cod. Gl. 63 fol. 13 b. قال يحيى بن الحسين عم الاذان عندنا والاقامة مثنى مثنى والاذان ان يقول المؤذّن الله اكبر الله اكبر اشهد ان لا اله الا الله اشهد ان لا اله الا الله اشهد ان محمّدا رسول الله اشهد ان محمّدا رسول الله حيّ على الصلوة حيّ على الصلوة حيّ على الفلاح حيّ على الفلاح حيّ على خير العمل حيّ على خير العمل الله اكبر الله اكبر لا اله الا الله وكذلك الاقامة مثنى مثنى فاذا قال حيّ على خير العمل قال قد قامت الصلوة قد قامت الصلوة الله اكبر الله اكبر لا اله الا الله قال يحيى بن الحسين رحمة الله عليه وقد صحّ لنا ان حيّ على خير العمل كانت على عهد رسول الله صلعم يؤذّن بها ولم تُطرح الا فى زمان عُمَر بن الخطاب فانه امر بطرحها وقال أخافُ ان يتّكل الناس عليها وامر باثبات الصلوة خير من النوم مكانها [قال يحيى بن الحسين رضه والاذان [v. supra p. 48 no. 1

[2]) *tahḏîb al aḥkâm*, Berl. 4785 fol. 129 b; vgl. al Ḥillî, *šarâ'i' al islâm* p. 34 f.

[3]) Hier eine kleine Reminiszenz zur Geschichte der Arabistik: Rutgers, *Historia Jemanae sub Hasano Pascha*, Leiden 1838, p. 123, vokalisierte: حَىُّ عَلِيٍّ خَيْرُ ٱلْعَمَلِ und übersetzte: »Salutatio Alii optimum est, quod possit praestari«. — Τίς ὁ κρίνων;

(s. oben S. 25 f.) heißt, »aus Furcht, daß die Leute sich lässig zum hl. Krieg zeigten und ständig *ṣalât* beteten« [1]). Dieser Ibn Ḥumaid widmet im Abschnitt über die Kultdifferenzen dem »Auf zum besten der Werke!« eine ganz ausführliche Abhandlung, die er mit der Darstellung des völligen consensus aller šîʿitischen Imâme von Zaid und al Qâsim, und von Bâqir und aṣ Ṣâdiq an eröffnet und recht rührend, wirkungsvoll schließt mit dem Hinweis auf zwei Märtyrer dieser Losung aus der Rasûlidenzeit, von denen einer, ein Mann aus Ṣanʿâ', gekreuzigt ward. Ihre besondere Färbung erhalten seine Ausführungen durch die Gesamttendenz der Abhandlung; denn sie möchte — eine seltene Erscheinung in der Schulliteratur — dem Gemeinislâmischen das Wort reden, Töne der Versöhnung anschlagen, den Parteihader verurteilen. Hier nur ein paar Proben: Die [2]) Vorwürfe der Gegner wegen der Abweichungen träfen ebensogut die »vier (orthodoxen) Schulen« und die übrigen. »Fände sich die Wahrheit nur bei einer, wäre (jede) widersprechende sündig und schuldig«, dann wären es alle, ja, auch die Gefährten und die Folger (der nachapostolischen Zeit), da in ihren Entscheidungen, wie bekannt, Gegensätze in vielen Fragen, z. B. im Erbrecht, vorhanden seien. Ganz besonders wendet sich Ibn Ḥumaid gegen jenes Streben, »den [3]) Gegner hochmütig zu schmähen, einen Riß in die Gemeinde des Gottgesandten zu bringen, einander für Irrende

---

1) Berl. 4947 fol. 78 b; 4948 fol. 154 b. . . . عُمَر هو الذى امر ان يُكفّ عن ذلك [sc. حىّ على خير العمل] مخافة ان يتثبّط الناس عن الجهاد وينكبّوا [يمكثوا 4947] على الصلوة

2) Berl. 4947 fol. 73 a ult.: 4948 fol. 144 a . . . ثم انه لا يلزم الزيديّة وحدها ذلك بل هو لازم للمذاهب الاربعة وغيرهم فاذا كان الحقّ فى واحد والمخالف مخطئٌ آثم لزم فى كلّ المذاهب بل كان يلزم ذلك فى الصحابة والتابعين لان المعلوم انه كان فى اجتهادهم اختلاف فى كثير من مسائل وذلك كاختلافهم فى ذوى الارحام والردّ وفى فرض البنتين . . .

3) ibid. fol. 73 b unten; fol. 145 a unten . . . ممّن قصد المكابرة والتشنيع على من خالفه والتفريق بين امّة الرسول صلعم وتضليل بعضهم لبعض لا اصل له ولا سند من كتاب او سنّة وذلك كما صار كثير منهم يشنّعون على فرقة الزيديّة ويخرجونهم من شريعة سيّد البريّة بامور لا تُقارب شيئًا ممّا اظهروه وابطنوه

zu erklären ohne Ursache und Grund des hl. Buches und der Sunna«. Und mit fast weinerlichem Akzent bejammert er es, wie »viele die Zaiditenpartei schmähen und sie von dem Gesetz des Herrn der Schöpfung ausschließen durch die [Behauptung] angeblicher Dinge, die gar nichts von ihren Worten und Gesinnungen (oder »vom Wortlaut und Sinn« ihrer Schriften) berühren«. Was sind doch die Zaiditen für andere, bessere Menschen! Hier [1]): obwohl (nur) das »Auf zum besten Werke!« gesetzmäßig ist, so ist es ihnen doch kein Grund zur Verketzerung. Wo sie den Gegnern eine »Neuerung« nachweisen, da ist doch niemals »von uns etwas derartiges vorgefallen, wie es uns von ihnen getroffen hat wegen des »Auf zum besten der Werke!«. Nur mit einem Stoßseufzer weiß er sich vor solchem »Parteigetriebe« zu retten: »O Allâh! O Muslime! Wir aber bitten Allâh um Führung zum Rechten.« — Natürlich dürfen wir trotz solcher Wendungen, die immerhin wegen der Verketzerungsfrage, wenigstens ihrer Theorie, zu notieren sind, nicht erwarten, daß Ibn Ḥumaid auch nur ein Titelchen von seiner Position aufgibt. Über seine Überzeugung hinaus kann nicht nur ein Muslim nicht. Und so darf man denn seine Beweise für diese Šîʿitenlosung billig übergehen, wenn er jene himmlische *Adân*feier (s. oben S. 48 f.) auf fol. 81 b f. in gesteigerter Form und ebenfalls unter Polemik gegen die rationale

---

[1]) fol. 78 a; fol. 152 a حيّ على خير العمل فانه مشروع عند الصادق والباقر وزيد بن علىّ والقاسم والهادى والناصر [الاطروش] وابنى الهادى و[ال]م[ؤيّد] فقيه اهل البيت واخيه [ابى] ط[الب الناطق] وخالهما ابى العبّاس الحسنىّ بل هو مشروع عند جميع العترة الطاهرة المعصومة الناجية واشياعهم ورواه المهدىّ احمد بن يحيى فى بحره عن اخير قولَى [ال]ش[افعىّ] وروى حفيده امامنا من بعض مشايخه انه قال اخذته عن عين صافية وقد ذكر الروبانىّ ان للش[افعىّ] قولا مشهورا بالقول به وقد قال كثير من علماء المالكيّة وغيرهم من الحنفيّة والشافعيّة انه كان حىّ على خير العمل من الفاظ الاذان . . . et infra fol. 85 a; fol. 166 a, حىّ على خير العمل كغيره من مسائل الخلاف ليس فيه تخطئة ولا تضليل . . . . et paulo infra الصلوة خير من النوم قول كرهه الشافعىّ فى الجديد كما فى المهذّب وغيره بل قال انه بدعة ولم يقع منّا فى ذلك بعض ما وقع منهم علينا فى حىّ على خير العمل ما ذلك الا متابعة الاهواء والتعصّب . . . فيا لله ويا للمسلمين فنسأل الله الهداية الى الصواب

Erklärung bringt. Da führen die Gewährsmänner — einmal ist es Muḥammad b. al Ḥanafîja — gleich in den 6. Himmel. Allâh selbst zelebriert. Der Propheten, deren Gräber eigens zu diesem Fest geöffnet wurden, sind 4414. Und nach der Probe, die zum *masḥ ʿalâ ʾl ḫuffain* die zaiditische Form der Tradition des Saʿd b. abî Waqqâṣ (oben S. 37) bot, genüge die bloße Andeutung, daß auch hier auf fol. 78 b Abû Maḥḏûra, neben Bilâl der erste Muʾaḏḏin, als Urtradent auftritt und wie drüben das orthodoxe, so hier das šîʿitische *aḏân* wörtlich wie oben (S. 50) als ihm vom Propheten vorgesprochen überliefert. Man ahnt hieraus schon, daß seine zu erwartende Harmonistik alles eher ist, als ein ängstliches Betteln um Duldung und Gnade vor den Augen der Hochkirche. In Wirklichkeit ist sie eine Polemik, die aufs Ganze geht, eine Harmonistik mit den Häuptern der gegnerischen Schule, die gegen die eigenen entarteten Jünger als Zeugen auftreten sollen. Das ist nicht ungeschickt und hier gar nicht einmal so ganz unberechtigt. Denn wiewohl wir uns auch in dieser Frage nicht auf die Seite der Šîʿiten stellen können, da es nicht zu verstehen ist, wie eine altgeheiligte Formel hätte unterschlagen werden können, dazu noch von ʿOmar, der das Beten sehr gut mit dem Krieg vereinte, so scheinen doch auch hier die Sunniten durch ihren Gegenzug sich eine Blöße gegeben zu haben. Dieser Gegenzug aber ist das *taṯwîb* [1]), die Formel: »Das Gebet ist besser als der Schlaf«, die schon nach al Hâdî ʿOmar als Ersatz eingeführt haben soll. Nicht als ob wir das *taṯwîb* einfach für ein erfundenes Gegenstück hielten. Es wäre zu ungeschickt erfunden, da es das Ausgemerzte nicht ersetzen kann, nicht für jedes *aḏân* paßt, nur für das Morgen*aḏân* sich hat durchsetzen können. Aber tendenziös behandelt ist das *taṯwîb* sicher. Nach Šaʿrânî [2]) stand es bei dem Haupt der ältesten Schule, bei Abû Ḥanîfa, ganz am Schluß des *aḏân*. Und das würde noch am ersten zu der naiven Traditionserzählung passen, das *taṯwîb* sei von Bilâl eigenmächtig hinzugefügt, als er einst nach seinem *aḏân* den Propheten noch schlafend fand, (es handelte sich also um ein *sukût* oder *taqrîr* (s. oben S. 14)). Nun findet es sich bei den Mâlikiten und Šâfiʿiten und auch bei Qudûri (p. 9) gerade an der Stelle von »Auf zum besten der Werke!«. Dazu kommt noch, daß die beiden *ṣaḥîḥe* es nicht kennen, und aš Šâfiʿî mißbilligt es im *k. al umm* (I, 73/74), dessen heutige Redaktion übrigens nicht von ihm

---

[1]) Nasâʾî I, 106 — Abû Dâʾûd I, 52 — b. Mâǵa 52 — Tirmiḏî 39 (mit Angabe des schwankenden Sprachgebrauchs von »*taṯwîb*«, vgl. auch Abû ʿAbdallâh al Ḫwârizmî, *mafâtîḥ al ʿulûm* ed. VAN VLOTEN Leiden 1895 p. 10) — vgl. Aṭfîš I, 115.

[2]) l. c. I, 169. Vgl. *al muntazaʿ al muḫtâr* I, 142.

selbst stammt [1]), auf das bestimmteste, während es nachher ganz allgemein von seiner Schule vertreten wird [2]). Und den Šâfiʿî für sich einzufangen, haben sich die Zaiditen daher nicht ohne jeden Grund bemüht. Übrigens hatten sie dazu besondere Veranlassung. Einmal weil sein Ritus von Zabîd aus in Jemen der herrschende orthodoxe war. Man erinnert sich, wie später die Rasûliden mit dem Sultan Nûraddîn ʿOmar b. ʿAlî b. Rasûlî (gest. 647/1250) ganz formell vom ḥanefitischen zum šâfiʿitischen übertraten [3]). Doch nicht dieses örtliche Motiv allein! Der ehemalige Ḥanefit as Šâfiʿî, der sich auf dem Wege über Mâlik zum Gründer einer eigenen Schule entwickelte, dessen Jünger oft genug zwei Meinungen vortragen müssen: »aš Šâfiʿî in der ersten, aš Šâfiʿî in der neuen Periode [4])«, war natürlicherweise sehr gut als Zeuge gegen Šâfiʿiten zu gebrauchen. Man greift Sätze auf wie die: Šâfiʿî hat in der letzten Periode nicht das *taṯwîb* vertreten und macht daraus: er vertrat da das »Auf zum besten der Werke!« [5]). Ibn Ḥumaid (oben S. 52 no. 1) zitiert für letzteres noch eine nicht kontrollierbare Mitteilung des Šâfiʿiten ar Rûbânî (Gründer einer Medrese in Âmul, getötet 502/ beg. 11/8. 1108). In ähnlicher Weise, doch nicht so stark, setzt er den übrigen Schulen zu, wofür ihm noch am meisten bei den Ḥanefiten deren Unstimmigkeit in der Stellung des *taṯwîb* Anlaß bot.

Schlagen so die Zaiditen Kapital aus der sunnitischen Uneinigkeit, sei es der in der Lehre ein und derselben Autorität oder mehrerer Lehrer derselben Schule oder der Schulen untereinander, so drängt sich zum Zwecke der innerislâmischen Eingliederung die Frage auf, wem sie am nächsten stehen. Genau ließe sich dies nur von jemand beantworten, der ein lückenloses *iḫtilâf* schriebe und am Schluß Vereinendes und Trennendes abmäße. Hier einstweilen die Bemerkung, daß die gelegentlich geäußerte Ansicht, die Šîʿa stehe in nicht speziell šîʿitischen Dingen der šâfiʿitischen Richtung am nächsten, starke Einschränkung verdient. Das zeigen die übrigen Formeln des *aḏân*. Der Eingang bietet nicht wie bei den Šâfiʿiten [6]) und an Nâṣir al Uṭrûš(!) [7]) ein vierfaches, sondern nur ein doppeltes *takbîr*. Sie verwerfen in Übereinstimmung mit den Ḥanefiten gegen die übrigen Orthodoxen das

---

[1]) Vgl. den Eingang des Kapitels in I, 73, 246 u. ö.

[2]) Abû Isḥâq as Šîrâzî, *at tanbîh* ed. Juynboll Lugd. Bat. 1879 p. 17 lin. 9.

[3]) Ḥazraǧî bei Redhouse, *Pearl strings* transl. Leiden-London 1906 I, 122.

[4]) Vgl. Ibn Qâsim p. 264; 472; 556 (Abû Šuǧâʾ).

[5]) Vgl. oben S. 52 no. 1 lin. 11 f. zu 5 f.

[6]) Abû Isḥâq, *tanbîh* p. 17 lin. 2f.; Ibn Qâsim p. 136; Th. W. Juynboll, *Handbuch des islâmischen Gesetzes*, Leiden-Leipzig 1910, S. 82.

[7]) *al muntazaʿ al muḫtâr* I, p. 141 ult.

targî', d. h. »die Wiederholung« der Bekenntnisformeln [1]). Abû Dâ'ûd I, 52, Ibn Mâǵa p. 52 und Tirmiḏî p. 38 überliefern: Nachdem jede der beiden Formeln »Ich bezeuge, daß kein Gott ist außer Allâh« und »ich bezeuge, daß Muḥammad der Gesandte Gottes ist« zweimal mit gesenkter Stimme kantiliert ist, kehre der Mu'aḏḏin zurück und wiederhole sie mit erhobener Stimme. Muslim II, 5 und Nasâ'î I, 103 kennen das *targî'* auch, ersterer gibt aber die Stimmlage umgekehrt, letzterer gar nicht an. Ebenfalls nur mit der ḥanefitischen Praxis stimmt es überein, daß die *iqâma*, der zweite Gebetsruf unmittelbar vor Beginn der *ṣalât* (also etwa einem zweiten Läuten entsprechend), bei allen Šî'iten die einzelnen Formeln doppelt bringt wie im *aḏân*, nicht nur je einmal wie bei den übrigen [2]).

§ 2. Ganz übereilt aber wäre es, auch nur für das Kultzeremonial die Zaiditen bzw. die Šî'iten in die Nachbarschaft der Ḥanefiten zu rücken. Dagegen spricht eine völlig entgegengesetzte Permutation in der Stellung zu einer anderen Quisquilie. Sie gehört zur ṣalât selbst. Es ist bezeichnend, daß Ibn Ḥumaid in dem (oben S. 51) angedeuteten Zusammenhang, abgesehen von unserer prinzipiellen Schlußfrage über die Person des Vorbeters (s. oben S. 25 f. und unten S. 73 f.) zur Materie der *ṣalât*, also doch des eigentlichen Gottesdienstes, nur zwei Kleinigkeiten namhaft macht, und zwar ohne Polemik mit ein paar schlichten Aussagesätzen, die in gar keinem Verhältnis stehen zu den breiten Ausführungen über das *aḏân*. Die erstere ist, daß in jeder *ṣalât* mindestens die 1. Sûre und 1 langer oder 3 kurze Qor'ânverse zu rezitieren seien; die zweite, daß der Wechsel der Tonstärke bei den verschiedenen Formeln, das »laut und leise«, nicht nur als eine »Form«, *hai'a*, sondern als obligatorisch zu betrachten sei. Das letztere, in dem übrigens die Zaiditen nach *al muntaza' al muḫtâr* I, 149 nicht ganz einig sind, mag insofern etwas Beachtung verdienen, als es das Bestreben zeigt, auch in den kleinsten Dingen einem engen Doktrinarismus zu huldigen. Zugleich führt es zu einer Einzelmaterie, die für die Eingliederungsfrage nicht unwesentlich ist. Bekanntlich zählen die Ḥanefiten die stehenden Sûreneingänge »Im Namen Allâh's des Barmherzigen, des Erbarmers« nicht als besonderen Vers und rezi-

---

[1]) Vgl. oben S. 50 no. 1 und Qudûrî p. 9 gegen Ḫalîl p. 18 und Nawawî, *minhâǵ aṭ ṭâlibîn* ed. VAN DEN BERG, Batavia 1882—84, I, 67. Der Imâmit aṭ Ṭûsî l. c. Berl. 4785 fol. 129 b stimmt im Prinzip genau mit den Zaiditen überein und erklärt auf fol. 130 a šî'itische Traditionen für *targî'* und *taṭwîb* aus der *taqîja*, gestattet jedoch aus rein praktischen Rücksichten unter Umständen eine häufigere Wiederholung der einzelnen Formeln:
اذا اريد به تنبيه انسان على الصلوة

[2]) Vgl. die vorbezeichneten Stellen und das zaiditische *al muntaza' al muḫtâr* I, 141 f.

tieren sie demgemäß nicht laut [1]). Demgemäß! Es ist möglich, daß hier eine exegetische Erwägung gestaltend auf den Kultus gewirkt hat. Doch ist es gemeinliturgische Tendenz, die bis in den moderneuropäischen Kultus hinein verfolgt werden kann, daß bei stehend wiederkehrenden heiligen Formeln der Liturg sich unter diese stellt, ihnen etwas vom Charakter des opus operatum gibt, sich scheut, sie subjektiv durch sein Organ zu gestalten. Nun kennt der Muslim in der ganzen *ṣalât* überhaupt kein individuelles Akzentuieren. Wollte er beim Wechsel der Qor'ânabschnitte die stets gleichbleibende *basmala* differenzieren, so blieb ihm nur die Tonlosigkeit. Für diejenigen aber, bei denen sich diese Praxis festsetzte, ergab sich als eine Folge, die zugleich wieder als Begründung auftritt, daß nun auch in der Exegese die *basmala* von der eigentlichen Sûre getrennt wurde. Und gerade diese ḥanefitische Begründung mußte die Zaiditen auf die Gegenseite treiben zu den Mâlikiten und Šâfi'iten. Das Abwiegen betrifft hier also nicht so sehr das »leise und laut« — denn sie kennen ja auch leise Rezitationen — als vielmehr die Würdigung des hl. Buches, dem auch sie die 114 Verse nicht unterschlagen lassen wollten, die, wie al Hâdî [2]) sagt, »Allâh im Qor'ân wiederholt und jeder Sûre als Schlüssel vorgestellt hat«. Darum »wer die *basmala* nicht laut rezitiert, der hat nach uns[erer Lehre] keine *ṣalât* [gehalten].« Es ist gut, daß er — wir haben es wieder mit einem der Alten zu tun — sich so deutlich ausdrückt. Die von den muslimischen Symbolikern und Dogmenhistorikern der Zaidîja als Teilgruppe eingegliederte Butrîja hätte er wegen ihrer »Verstümmelung« [3]) der *basmala* als seine Religionsgemeinschaft nicht anerkennen können. Beachtet man dazu noch, daß Ibn Ḥumaid von dem einen Schulhaupt der Butrîja, von al Ḥasan b. Ṣâliḥ, zu berichten weiß, er habe im *aḏân* das *taṯwîb* — somit wohl schwerlich das »Auf zum besten der Werke!« — vertreten [4]), so haben wir hier Be-

[1]) Qudûrî p. 11 lin. 4.

[2]) *k. al aḥkâm* Wien. Glas. 63 fol. 18 a قال يحيى بن الحسين صلوات الله عليه لا صلوة عندنا لمن لم يجهر ببسم الله الرحمن الرحيم والحجّة عندى فى ذلك انها لا تخلو من ان تكون آية من كتاب الله او لا تكون آية من كتاب الله فان كانت آية فهى من القران يجب ان تُقرأ عند قراءة الحمد وهى آية ثابتة فى كلّ سورة من القران كرّرها الله تبّ وتعّ فيها وجعلها مفتاحا In der *Jaḥjawîja* Berl. 1299 fol. 14 a redet er von einer »Unterschlagung des Verses durch den Satan«. —

[3]) *Staatsrecht der Zaiditen* S. 32 und no. 1.

[4]) Berl. 4947 fol. 77 a, vgl. auch *al muntaza' al muḫtâr* I, 142.

weisproben für aš Šahristânî's [1]) Urteil, daß die Butriten in den »Zweigen des *fiqh*« völlig Ḥanefiten seien. Damit sind sie aber von der Zaidîja als Kultgemeinde auszuschließen, wie Sulaimân b. Ǵarîr von der Zaidîja als Bekenntnisgemeinde. — Eine der wenigen Möglichkeiten, innerhalb des liturgischen Rituale persönlichem Empfinden eigene Worte zu leihen, bietet die *Qunût*bitte. Und gerade bei den Šî'iten in ihrer Kampfstellung konnte sie zugleich den altarabischen Charakter einer Verwünschung [2]) weiter pflegen. Von 'Alî wird sein gewöhnliches *qunût* mitgeteilt, das zum mindesten für den Gewährsmann al Hâdî in der *Jaḥjawîja* (Berl. 1299 fol. 14 a) und im *k. al aḥkâm* (Wien Glas. 63 fol. 18 a) beweisend ist, der an letzter Stelle hinzufügt, daß 'Alî dabei seine beiden großen Gegner, den Mu'âwija und 'Amr b. al Âṣ, mit Nennung der Namen zu verwünschen pflegte. Zu den Einzelheiten des *qunût* gibt es natürlich wieder eine bunte Spielerei des kleinen (auch innerzaiditischen) *iḫtilâf*, das *al muntaza' al muḫtâr* I, 162 lin. 2 mit: Wann — womit — wo — wer? eingeführt wird. Bemerkenswert ist daran wohl nur das, daß die Zaiditen auch bei dieser Institution, zumal sie ihrer persönlichen Neigung so entgegenkam, der Möglichst-viel-Observanz, dem »Schwereren«, beitreten und sie — wieder im Gegensatz zu den Ḥanefiten [3]) — nicht auf das *witr*, die nächtliche Zusatz*ṣalât*, beschränken, sondern sie auch ins Frühgebet [4]) wie die übrigen aufnehmen.

Bei den Proben aus der *ṣalât* selbst läßt sich keine Scheidelinie ziehen: hier Sunniten — hier Šî'iten. Das ist der muslimischen Wertschätzung des *aḏân* zugute gekommen. Und die Folge ist, — für unser Empfinden befremdend genug — daß man auch in Büchern, die nicht auf das *iḫtilâf* angelegt sind, bisweilen den Eindruck empfängt, der Gebetsruf sei mindestens ebenso sakramental wie der ganze Gottesdienst. Und so ein Mu'aḏḏin, der fünfmal am Tage hoch vom Minaret herab der Gemeinde das Schibboleth der betreffenden Rechtgläubigkeit zusingt, ist ihr wie ein Heiliger erschienen. Magisch läuternd wirkt die unter Handauflegung, Bestreichung und Überreichung einer Börse mit Silber erfolgte Ordination auf Abû Maḥḏûra [5]); und »Lohn des Mu'aḏḏin« ist eine Kapitelüberschrift, die sich auch in den besten

---

[1]) ed. CURETON I, 121.

[2]) I. GOLDZIHER, *Zauberelemente im islamischen Gebet* in der NÖLDEKE-Festschrift.

[3]) Vgl. Qudûrî p. 12 lin. 12 gegen Ibn Qâsim p. 136 und Ḫalîl p. 22 lin. 6.

[4]) S. die šî'itische Neuregelung des Kultus in Ṭabaristân bei I. GOLDZIHER *Vorlesungen* S. 237.

[5]) S. die Formen dieser Erzählung in den kanonischen Traditionssammlungen an den oben S. 47 no. 1 bezeichneten Stellen und bei Šâfi'î, *al umm* I, 73.

Traditionswerken findet. »Ihm wird vergeben nach der Höhe seiner Stimme« [1]), das etwa ist noch die geringste Gnade, mit der Allâh dies hohe, wenn nicht höchste Amt segnet. Gern messen die Muslime ja die einzelnen Dienste gegen einander ab. Und der Šâfi'it Abû Isḥâq aš Šîrâzî p. 16 nennt es ausdrücklich höher als das des Imâm, des Leiters der *ṣalât.* Ins Europäische übertragen: der Küster ist mehr als der Pfarrer. Durchaus begreiflich, da der statutarische Islâm nur noch im Beiwerk für eine Sonderentwicklung Raum bot.

§ 3. Im Jahre 340/952 starb in Baġdâd der (oben S. 24 erwähnte) Ḥanefit Abû 'l Ḥasan al Karḫî. An seiner Bahre kam es zum Streit bei der Frage, wer die Beerdigung des Verstorbenen halten solle. Da der kleruslose Islâm unseren Begriff des zuständigen Geistlichen und des Dimissoriale nicht kennt, so kann der Theorie nach jeder das Leichenzeremonial leiten. Gewöhnlich ist es ein Ehrenamt für die Angehörigen oder den Angesehensten unter dem Leichengefolge: einen Qâḍî, Lehrer, Imâm. Bei einer Person, die wie der verstorbene Professor der Öffentlichkeit angehörte, kann diese Unbestimmtheit nun leicht zu Konflikten führen. Zu seinen eifrigsten Schülern hatte der spätere dailamitische Zaiditenimâm al Mahdî lidînallâh Muḥammad b. al Ḥasan ad Dâ'î gehört, damals *naqîb*, d. h. das staatlich anerkannte Haupt der Šî'iten. Seine Freunde, so erzählt der zaiditische Biograph Abû Ṭâlib an Nâṭiq in der *ifâda* [2]), wünschten, daß er die Feier halte. Aber der Nachfolger auf dem Lehrstuhl, der den Toten

---

[1]) Buḫârî, *k. al aḏân* Nr. 5 = I, 161; Muslim II, 11; b. Mâǵa p. 52; Nasâ'î I, 106; Abû Dâ'ûd I, 54; Tirmiḏî p. 41 (für 7 jähriges Mu'aḏḏinamt »Befreiung vom (Höllen)-feuer«).

[2]) Berl. 9665 fol. 42 a ult.; 9666 p. 69; Lugd. 1974 fol. 61 a . . . كان [محمّد
ابن الحسن الداعى] يختلف الى ابى الحسن الكرخىّ فى ايّامه ويلزم مجلسه
ويدرس عليه فقه ابى حنيفة فبلغ فى حفظ مسائل العراقيّين المبلغ الذى
يضرَب المَثَل به . . . . fol. 42 b; p. 70; fol. 62 a وحكى لى مشايخنا ببغداد
واظُنّ انّى سمعتُ هذه الحكاية من كافى الكفاة وهى ان ابا الحسن لمّا مات
حضر ابو عبد الله بن الداعى جنازته وحضرها ابو تمّام الزينبىّ وهو نقيب
العبّاسيّين فكان شيخنا ابو عبد الله يحبّ ان يصلّى عليه ابو عبد الله
ابن الداعى وابو بكر الدامغانىّ وهو من متقدّمى اصحاب ابى الحسن
وحفّاظهم وكان ابو الحسن لمّا غلبت عليه الرطوبة فى آخر ايّامه وثقل لسانه
وانقطع عن التدريس استنابه للفتيا عنه كان يميل الى ان يصلّى عليه

in seiner letzten Krankheit schon vertreten hatte, kam an der Bahre an den ʿAliden heran, erkannte ihm als Saijid zwar den Vorrang zu, fuhr dann aber fort: ‚Aber du begreifst, es wäre verabscheuenswert, wenn einem solchen Manne das Totengebet entgegen seinem Ritus gehalten würde; du weißt nun, nach seinem Ritus ist am Grabe ein 4 faches *takbîr* zu sprechen. Kannst du dich dazu entschließen, dann halte du [die Feier]'. Da trieb [al Mahdî] ihn zurück und sprach: ‚Ich spreche nur 5 maliges *takbîr*; komme vor, wer da will'. Darauf trat der ʿabbâsidische (sunnitische) *naqîb* Abû Temmâm vor und hielt das Gebet über den Toten. Seither ging [al Mahdî] zu Abû ʿAbdallâh al Baṣrî, nahm beständig an seinen Sitzungen teil und hörte bei ihm die meisten Bücher der Unseren über die [muʿtazilitische] Dogmatik.« — Die Erzählung macht den Eindruck der Echtheit, nicht nur weil an Nâṭiq den Verhältnissen nicht allzu fern steht und nur eine Mittlerhand gebraucht, sondern weil es schwer ist, sich vorzustellen, daß die Zaiditen eine Geschichte erfunden hätten, aus der hervorgeht, daß die Šîʿiten selbst zu einer Zeit, als sie in der Hauptstadt von den bujidischen Sultanen offiziell protegiert wurden, wissenschaftlich so unselbständig waren, daß sie bei Ḥanefiten in die Lehre gingen. Dann haben wir hier ein Beispiel aus der Wirklichkeit für die gemeinschafttrennende Kraft einer Kultdifferenz. Denn alle orthodoxen [1]) Schulen und die Ḫâriǵiten [2]) verlangen für das Beerdigungsritual ein Gebet mit drei Teilen, die durch vierfaches »Allâh ist groß!« umgrenzt sind, die Zaiditen wie die Imâmiten [3]) vier Teile, die durch fünffaches »Allâh ist groß!« umschlossen werden. Bedeutung und

---

ابو تمّام الزينبىّ لانه كان يختصّ به كما يختصّ شيخنا ابو عبد الله بابى عبد الله بن الداعى فحيث وُضعت الجنازة احتال ابو بكر هذا بأن يقدم الى بين يدى ابى عبد الله بن الداعى فقال ايّها السيّد انت احقّ الناس بالتقدّم ولا يجوز ان يتقدّم عليك احد وقد حضرتَ ولكنّك تعلم ان مثل هذا الشيخ يقبح ان يصلَّى عليه على خلاف مذهبه وقد علمتَ ان مذهبه ان تكبير الجنائز اربع فان رأيت ان تكبّر عليه اربعا فافعلْ فانتهره وقال انا لا اكبّر الا خمسا فمن شاء فليتقدّم فحينئذٍ تقدّم ابو تمّام وصلّى عليه ثم اختلف الى شيخنا ابى عبد الله فكان يواظب على حضور مجلسه وقرأ عليه اكثر [9666 om] كتب اصحابنا فى الكلام

[1]) Qudûrî p. 22; Šâfiʿî, *al umm* I, 251; Ḫalîl p. 38 Mitte,

[2]) Basîwî p. 54.

[3]) Ḥillî, *šarâʾiʿ* p. 49 f.; Querry, Questions I, 98.

Gewicht erhält dies Trennende nun dadurch, daß es eine Kasualie betrifft. Denn die Kasualgemeinde setzt sich nicht wie die des stehenden Gottesdienstes nach dem Grundsatz der Religionsgemeinschaft zusammen, sondern nach dem der persönlichen Beziehungen, wenn freilich auch in der Praxis beides stark zusammenfallen mag. Aber wie sich der Muslim die Frage vorlegt, ob er an einer mosaischen oder christlichen Leichenfeier teilnehmen dürfe, eine Frage, die die Sunniten nicht geschlossen verneinen [1]), so macht sich der Zaidit, der einen Nichtmuslim nicht zu Grabe geleiten darf [2]), auch seine Bedenken bei der Teilnahme an einem sunnitischen Begräbnis und umgekehrt. Nach at Tirmidî p. 171 hatte z. B. Aḥmad b. Ḥanbal gestattet, auch bei den 5 *takbîr* sich dem Vorbeter anzuschließen, der Mâlikit Ḫalîl (l. c.) verlangt, nach dem vierten sofort abzubrechen und ohne Rücksicht auf den Imâm den Schlußgruß zu sprechen, während an Nawawî (*ṭâlibîn* I, 212) und Ibn Qâsim (p. 214) entweder dies vorschlagen oder den Mitbetenden schweigend warten lassen, bis er mit dem Imâm den Schlußgruß sprechen kann. Im umgekehrten Fall sind die Zaiditen strenger, nach denen das Grabrituale mit weniger als 5 *takbîr* unter allen Umständen (*muṭlaqan* [3])) ungültig ist. Daß man bei dieser Fragestellung wirklich die fremden Riten im Auge hatte, geht aus den zaiditischen »*Ausgewählten Stücken des Mu'aijad*« (Jaḥjâ b. Ḥamza, gest. 749/1348) hervor. Dort [4]) wird der Fall formuliert, daß ein Ḥanefit oder Šâfi'it an einer zaiditischen Beerdigung teilnimmt, und es wird von ihnen verlangt, auch »entgegen ihrem Ritus« die 5 *takbîr* mitzusprechen. Auf den entgegengesetzten Fall geht er nicht ein.

Zur Kritik der Streitfrage kann das Traditionsmaterial wenig dienen. Es finden sich die mannigfachsten Zahlen, selbst 25 und 70. Eine, die 9, hat den bisweilen gar nicht uninteressanten Ša'rânî (p. 266), der sich gern in den Geist des *fiqh* versenkt, bzw. ihm den

---

1) Vgl. Nawawî, *minhâǵ aṭ ṭâlibîn* I, 223.

2) An Nâṭiq, *taḥrîr* Berl. 4877 fol. 17 b قال القاسم [بن طباطبا] ولا بأس بتعزية اهل الذمّة ولا يُدعى لهم بالمغفرة ولا تُشهَد جنائزهم

3) *al muntaza' al muḫtâr* I, 270; vgl. besonders den Unterschied gegen den Fall mit mehr als 5 *takbîr*.

4) Berl. 4879 fol. 35 b. وان صلّى الحنفيّ والشافعيّ خلف الزيديّ وكبّر خمسا فالواجب عليهم متابعته ويكبّرون خمسا وان كان خلاف مذهبهم لان الامام لا يختلَف عليه وهو حاكم على من بعده من المؤمنين فلا تجوز مخالفته فان عزلوا صلوتهم عن صلوته بطلت صلوتهم

eigenen mystizierenden Geist unterschiebt, besonders angezogen zu grübelnder Spekulation. Nach den kanonischen Traditionswerken scheint jene Feier am meisten in Erinnerung geblieben zu sein, die der Prophet — eine Totenfeier in absentia [1]) — bei der Nachricht vom Tode des Negus von Abessinien, dieses Freundes, der schon vor der Hiǵra eine Gesandtschaft und Bedrückte seiner Gemeinde aufnahm, mit 4 fachen *takbîr* gehalten haben soll. Im übrigen verraten selbst die kanonischen Traditionssammlungen die frühere Zwanglosigkeit, deren Reglementierung Aṭfîš wieder dem ʿOmar zuschreibt. Keiner der sechs oder Aṭfîš mit Ausnahme von al Buḫârî, der so auffällig verdächtig genau die sunnitische Praxis wiedergibt [2]), wagt an der Tradition mit Zaid b. Arqam [3]) als Urtradentem vorüberzugehen, der sich für die Fünfzahl auf den Propheten berief. Doch ist dies *ḥadîṯ* von ihnen, wie ein Vergleich zeigt, tendenziös überarbeitet worden. Denn neben der schlichten Form: Zaid b. Arqam sprach 5 maliges *takbîr*, findet sich eine andere: Er sprach Einmal 5 maliges, sonst immer 4 maliges. — Die positiven »5 *takbîr*«-Sätze der Šîʿiten [4]) kann man wohl übergehen, ebenso das Schauspiel der gegenseitigen Zerpflückung der Sätze, so wenn Ibn Muẓaffar (Berl. 4943 fol. 110 b) meint: Gewiß 4 *takbîr*, aber d. h. 4 *takbîr* nach dem Eingangs*takbîr*. Und wenn man in orthodoxen Kreisen und bei Ḫâriǵiten (s. Aṭfîš I, 288) wußte, daß einst über der Leiche Adams die Engel einen vierfachen Lobpreis gesprochen hätten, so antwortet er (ibid.): Freilich, aber »das Tun der Engel verpflichtet uns nicht, und vielleicht war das die *šarîʿa* Adams, die durch unsere *šarîʿa* abgeschafft ist«.

Vielleicht möchte man aber doch lieber versuchen, ob sich nicht aus einer Gegenüberstellung des sunnitischen und šîʿitischen Formulars Schlüsse für die Priorität des einen ziehen lassen. Ich stelle das aus dem *taḥrîr* [5]) von an Nâṭiq her, das übrigens im bestverstandenen Sinne einer Agende nur »empfiehlt«, dem Liturgen im einzelnen (natürlich aber nicht in der *Takbîr*zahl) Freiheit läßt, stelle es her schon

---

[1]) Unter Berufung darauf kennt der Islâm eine Totenfeier für Verschollene mit besonderer Formulierung der *nîja* (Abû Isḥâq aš Šîrâzî p. 48 lin. 19).

[2]) Er gibt nur Eine Ausnahme an, mit nur 3 *takbîr*, s. *k. al ǵanâʾiz* Nr. 65 bei Krehl I, 334.

[3]) Muslim II, 340; Nasâʾî I, 281; Abû Dâʾûd II, 45; b. Mâǵa p. 109; Tirmiḏî p. 171; — Aṭfîš I, 289.

[4]) Sie finden sich bei al Hâdî in Wien cod. Glas. 63 fol. 29 a und in der *Jaḥjawîja* Berl. fol. 23 a und für die Imâmiten bei aṭ Ṭûsî Berl. 4785 fol. 257 a ff.

[5]) Nach Berl. 4877 fol. 16 b und zwei Wiener Ms. im Grünertschen Verzeichnis unter Nr. 92 u. 93. Das Formular findet sich ziemlich wörtlich in *al muntazaʿ al muḫtâr* I, 268 f.

aus einem gewissen Pflichtgefühl der ausgleichenden Gerechtigkeit. Denn da wir bei unserer Eingliederung einer Teilgruppe lauter Kleinigkeiten dick unterstreichen, Mücken seihen müssen, so könnte das Islâmbild zur Karrikatur werden. Hier aber wird man, vorausgesetzt den Willen, den Islâm islâmisch zu verstehen, es nicht ganz vermissen: Glauben, Würde, Stolz auf die coelestis hierarchia, religiöse Heldenverehrung zur Überbrückung des Dualismus und bei allem naiven transzendenten Eudämonismus die aus Schuldgefühl und Erlösungsbedürftigkeit quellende Hingebung, und das heißt »*islâm*«. Die Agende lautet: Man spreche nach dem ersten takbîr: »Es ist kein Gott außer Allâh allein. Er hat keinen Genossen. Sein ist die Herrschaft, sein ist der Lobpreis. Er führt in das Leben ein, er führt in den Tod. Er ist ein Lebendiger, der nimmer stirbt. In seiner Hand steht das Gute. Er ist jeden Dinges mächtig.« Dann rezitiere man die Eröffnerin des Buches (d. h. Sûre 1). Darauf spreche man ein [zweites] takbîr und sage: »O Herr Gott! bete über Muḥammad, deinen Knecht und Gesandten und deinen Auserwählten von deinen Kreaturen, und über die Familie seines Hauses, die Reinen, die Besten, die Wahrhaftigen, die Frommen — von denen Allâh die Unreinheit weggenommen, die er gereinigt und geläutert hat — wie du gebetet hast über Abraham und das Geschlecht Abrahams und sie gesegnet hast. Du bist preiswürdig und glorreich.« Darauf rezitiere man: Sprich, Er, Gott ist Einer... (Sûre 112). Dann spreche man ein [drittes] takbîr. Dann sage man: »Herr Gott! bete über deine Engel, die Nahegebrachten; Herr Gott! mache herrlich ihr Erbauen und stark ihre Macht. Herr Gott! bete über deine Propheten, die Gesandten. Herr Gott! Mache schön ihren Lohn und gastlich ihre Wohnung bei dir, mache hoch bei dir ihren Rang. Herr Gott! nimm an Muḥammad's Fürsprache für seine Gemeinde, und laß uns gehören zu denen, für die du seine Fürsprache annimmst. Herr Gott! laß uns gehören zu seiner Schar und laß uns eintreten in [den Bereich] seiner Fürsprache und mache zu unserer Zuflucht das Paradies.« Darauf rezitiere man: Sprich, ich nehme meine Zuflucht zum Herrn der Morgenröte.... [Sûre 113]. Dann spreche man ein [viertes] takbîr und sage: »Preis sei dem, dem die Himmel und die Erden es preisen[d zujauchzen]: der Preis unseres Herrn, des Höchsten! preiswürdig und erhaben ist er! Herr Gott! Dieser dein Knecht, der Sohn deines Knechtes und deiner Magd, ist nun abgeschieden zu dir, und wir sind mit ihm gekommen, Fürbitte für ihn zu tun und um Vergebung für ihn zu flehen. So vergib ihm seine Schulden und vereine ihn mit seinem Propheten Muḥammad — über den Allâh beten möge —!

Herr Gott! mache geräumig über ihm sein Grab und laß seine Sache wohl geraten und laß ihn schmecken deine Barmherzigkeit und dein Vergeben, o du Mildester der Mildesten! Herr Gott! versorge uns mit schöner Bereitschaft für den Tag, der wie seiner [heute ist], und führe uns nicht in Versuchung nach seinem Heimgang und mache zum besten unserer Werke das letzte und zum besten unserer Tage den Tag, da wir vor dich treten.« Darauf spreche man ein *takbîr* und sage nach d[ies]em fünften takbîr den Doppelgruß nach rechts und links [Friede sei über euch und die Barmherzigkeit Gottes!]. — Stellt man nun neben die šîʿitische die orthodoxe und ḫâriǵitische Agende so ergibt sich:

Sunniten u. Ḫâriǵiten	Šîʿiten
1. *takbîr* mit Doxologie und Sûre 1	1. *takbîr* mit Doxologie und Sûre 1
	2. *takbîr* mit Eulogie über Muḥammad und sein Geschlecht und Sûre 112
2. *takbîr* mit Eulogie über Muḥammad, Engel, Propheten, evtl. Sûre 113	3. *takbîr* mit Eulogie über Engel, Propheten und Sure 113
3. *takbîr* mit Fürbitte für den Toten und persönlicher Bitte	4. *takbîr* mit Fürbitte für den Toten und persönlicher Bitte
4. *takbîr* mit Schlußgruß.	5. *takbîr* mit Schlußgruß.

Die sunnitische Form dürfte die ältere, und die šîʿitische Fünfzahl aus einer Zerlegung des zweiten Abschnittes entstanden sein. Die Eulogie über Muḥammad beanspruchte einen eigenen Teil, nachdem sie im šîʿitischen Sinne auch auf seine hl. Familie ausgedehnt (bzw. das schlichte sunnitische »und über seine Familie« erweitert) wurde, und zu ihrer größeren Ehre — übrigens sprachlich wieder möglichst hart — auch Sûre 33, 33 b wieder verwandt werden sollte. Zugleich gewann man durch das neue *takbîr* Raum für eine neue Sûreneinlage. Aber warum gerade Sûre 112, da es doch im obigen Formular auffallen muß, daß sie nicht in dem inneren Zusammenhang zum Benachbarten steht — das Voraufgehende »du bist preiswürdig und glorreich« ist künstlicher Übergang — wie die »Eröffnerin« zur Eingangsdoxologie oder die »Zufluchts«sûre zum organisch gerechtfertigten Ausklang des 3. Satzes? Aber wenn eine, dann drängt sich Sûre 112 auf. Denn diese »Einheits«sûre, einst entstanden gegen die Trinitätslehre, ist ein bei den Šîʿiten qua Muʿtaziliten immer wiederkehrendes dictum probans, das die Einheit, Alleinewigkeit und Unvergleichlichkeit Allâhs gegen die orthodoxe hypostasierende Attributenlehre und das Qor'ân-Logos-Präexistenzdogma bewahren soll. Wir haben einigen Anhalt dafür, daß die Zaiditen aus solchen mu'tazilitischen Erwägungen heraus jenes weitere *takbîr* betonten, denn Zaid selbst, noch aus den Tagen der werdenden Mu'tazila, kennt nur das 4 fache [1]). Bestehen unsere Vermutungen zu recht, dann wäre hier ein Beispiel, wie von den drei konstituierenden Größen einer religiösen Gemeinschaft: Verfassung, Lehre und Kultus, die beiden ersteren eine Kultform zwar nicht geschaffen, aber doch modifiziert haben (s. oben S. 9). Und sollte es so vielleicht verständlich werden, daß die Ḫâriǵiten hier nicht mit den Šî'iten gehen, bei denen man sie vermuten würde, falls es sich bei der 4 und 5 nur um »leicht und schwer« handelte?

An dem *iḫtilâf* im einzelnen möchten wir mit ein paar Bemerkungen vorübergehen. Šâfi'iten trennen die persönliche Bitte von der Fürbitte für den Toten und verlegen sie nach dem 4. *takbîr*. Hier stehen also wieder Zaiditen in dem Nichtparteigefärbten gegen sie. Doch findet sich bei der im einzelnen gelassenen Freiheit (s. oben S. 61) in den *Ausgewählten Stücken des Mu'aijad* [2]) ein Formular, das eine gleiche Trennung aufweist. In späteren Werken, so in den *kawâkib naijira* von Imâdaddîn Jaḥjâ b. Aḥmad b. Muẓaffar (9. Jahrh. H.), trifft man auch die Wiederholung des ganzen Rituals, die die Alten, ein Qâsim und Hâdî, strikte ablehnten [3]). — Beachtenswert ist die Stelle beim Imâmiten al Ḥillî p. 50: »War der Verstorbene ein Heuchler, so beschränke man sich auf 4 *takbîr* und gehe mit dem 4. fort.« Das besagt nach seiner Agende, daß dann die Fürbitte für den Toten überhaupt wegfällt. Verstehen wir *munâfiq* richtig, so bezeichnet es doch jemand, der nur äußerlich den rechten, šî'itischen Glauben vertritt [4]). Ebenso ernst nehmen die Zaiditen den gemeinšî'itischen Grundsatz, daß dem »Sünder« die Exequien zu verweigern seien [5]), einen Grundsatz, den sie nur dem »Zwange« und der »Furcht«

---

[1]) *al muntaza' al muḫtâr* I, 267 lin. 5/4 vgl. an Naḥwî, *taḏkira* Berl. 4480 fol. 30 a; 4481 I, fol. 26 b; II fol. 30 a; III fol. 29 b. Das letzte Wort hierzu wird natürlich Zaid's *maǵmû'* in der Ambrosiana (s. E. GRIFFINI in *Rendiconti del R. Ist. Lomb. di sc. e lett.* 1911 S. 260 ff.) zu sprechen haben, wie umgekehrt diese Angabe, die die Späteren zu erfinden keine Veranlassung hatten, bei der Kritik des *maǵmû'* zu beachten sein wird.

[2]) Berl. 4879 fol. 35 b.

[3]) Vgl. Berl. 4884 fol. 36 a gegen 4877 fol. 16 a unten.

[4]) QUERRY, *Questions...* I 98. Nr. 312 sagt (nach welcher Vorlage?): »Si le défunt est schismatique«. Dann würde es sich um einen Nichtšî'iten handeln, und der Satz gehörte unter die oben S. 60 behandelte Frage.

[5]) *al muntaza' al muḫtâr* I, 265 unten.

gegenüber preiszugeben gestatten [1]). Diese Intoleranz (s. unten S. 75) werde besonders unterstrichen im Gegensatz zur Weitherzigkeit der Sunniten, von denen die Ḥanefiten und Šâfiʿiten nicht einmal dem Selbstmörder die kirchliche Beerdigung versagen [2]); und sie gewinnt noch an Bedeutung dadurch, daß auch die Zaiditen anderseits dem vor der Beschneidung verstorbenen Jugendlichen [3]) die Totenṣalât halten; übrigens ein Zeichen, daß jenes Symbolon nach seiner kultischen und kirchenrechtlichen Bedeutung mit dem Sakrament der Taufe nicht in Parallele gestellt werden kann.

Gegen die Gebräuche der Ǵâhilîja: gegen die vielbekämpfte [4]) Totenklage, das Schmücken der Gräber und die Mitgabe zweier grünen Palmzweige in das Grab führen auch die Zaiditen [5]) Kampf, gegen letzteres im scharfen Gegensatz zu den Imâmiten [6]). Auch verwerfen sie in späterer Zeit allgemein, aber noch nicht der vielgewanderte al Qâsim, das Höckrigmachen der Gräber; dies würde sie wieder mit der übrigen Šîʿa an die Seite der Šâfiʿiten [7]) rücken, und gleich ihnen [8]) haben sie sich nicht gescheut, die Wasserbesprengung des Grabes gesetzlich zu empfehlen. Zu der gemeinmuslimischen Sitte, 3 Hände voll Staub auf das Grab zu streuen, hat schon al Hâdî den Lohn eines guten Werkes für »jedes Körnchen Staub« bereit [9]).

---

[1]) ibid. 269 lin. 4 ff.; das دعا عليه scheint durch das danebenstehende صلوة عليه entstanden zu sein. Ich übersetze: »Wenn gezwungen, mag er über den Sünder die Bitte sprechen«, nicht »soll er ihn verfluchen«.

[2]) Šaʿrânî l. c. I. 268 unten — vgl. aber Abû Dâʾûd II, 43, auch Buḫârî I, 343.

[3]) Al Hâdî in Berl. 1299 fol. 23 a.

[4]) Vgl. den Regierungserlaß bei Ḫazraǵî, transl. Redhouse II, 281. — I. Goldziher, *Le culte des ancêtres et le culte des morts chez les Arabes*, Paris 1885, p. 27.

[5]) Al Hâdî, *k. al aḥkâm* Wien cod. Gl. 63 fol. 30 a oben قال يحيى بن الحسين صلوات الله عليه لا احبّ ان يُبسَط للميّت فى قبره شىء ولا يدخل معه سوى اكفانه غيرها وامّا تزويق القبور فلا احبّه لان الميّت فقد ذهبت عنه الزينة

[6]) Aṭ Ṭûsî, *tahḏîb* Berl. 4785 fol. 84 b unten; 4786 I fol. 71 a unten. يستحبّ ان تُدخل معه فى قبره جريدة رطبة ويرفع قبره من الارض قدر اربع اصابع مضمومة وينضح عليه الماء . . . . fol. 86 a—73 a . . . انّ الجريدة تنفع المؤمن والكافر (!) ما دامت رطبة

[7]) Nawawî, *minhâǵ* I, 219; Ibn Qâsim, 218; cf. Goldziher in SBWA 1874 Bd. 78, S. 521 f.

[8]) Nawawî l. c. 226.

[9]) Im einzelnen vgl. *al muntazaʿ al muḫtâr* I, 273 f., das von den Alten bestätigt wird; zum Staubwerfen al Hâdî in Berl. 1299 fol. 24 a auf die Autorität des ʿAlî . . . من فعل ذلك كان له بكلّ ذرّة من تراب حسنة

Kapitel 5.

Totenkult und Heiligenverehrung.

§ 1. Zwischen zwei Extremen bewegt sich das religiöse Andenken an die Toten. Es sieht in ihnen bedauernswerte hilfsbedürftige »arme Seelen«, und es sieht in ihnen preisenswerte, durch keine Körperlichkeit mehr gehinderte helfende Mächte. Jedes dieser Extreme hat eine Kultform ausgelöst. »Seelenamt« und »Heiligenkult«. — Zunächst: »Was kann ein Lebender an Stelle eines Toten tun: Sklaven freilassen, Almosen, Pilgerfahrt oder sonstige guten Werke?« Man meint es zu fühlen, wie sich al Hâdî des gewaltigen Traditionsmaterials und des gemeinislâmischen Zuges erwehren möchte. Er ist doch sonst ein strammer Doktrinarist. Aber hier [1]: »Es ist überliefert, daß es dem (Toten) nützt. Allâh weiß es am besten, was an den Traditionen darüber wahr ist«. Und mit einer an ihm ungewohnten Vorsicht: »Ich glaube nicht, daß sie gesund sind« und noch vorsichtiger: »Meine persönliche Ansicht ist die, daß jedes Werk, das ein Lebender an Stelle eines Toten ausführt, nur dem Lebenden unter Ausschluß des Toten zu eigen ist«. Freilich die nüchterne klare Stellung wird sofort wieder durch eine Klausel verwischt: »außer wenn der Tote solches testamentarisch angeordnet, befohlen und von seinen Angehörigen verlangt hat«. Damit ist aber doch dem ablaßkräftigen *Waqf*wesen Tor und Tür geöffnet.

---

[1]) *Al aḥkâm, k. al waṣâjâ* nach Wien cod. Glas. 63 (unfoliiert) باب القول فيما يفعل الحيّ عن الميّت . . . قال يحيى بن الحسين . . . قد جاءت فى هذا روايات واختلفت فيه المقالات ورُوى انه ينفعه ويجزئ عنه والله اعلم بصدق ما رُوى فيه وما احسبُ ان ذلك بصحيح والذى أرى أنا ان كلّ شيء أخرجه حىّ عن ميّت فهو للحىّ دون الميّت لان البرّ لمن برّ والعتق لمن اعتق والحجّ لمن حجّ وكلّ من فعل خيرا جوزى به الا ان يكون الميّت اوصى بذلك او امر به او طلبه من اقاربه

§ 2. Dem anderen Extrem wird in Heiligenverehrung das Grab zum Gnadenort. Eine Tradition bei al Buḫârî (*ǵanâ'iz* Nr. 71 bei Krehl I, 336) bewahrt eine gar nicht so unrichtige Erinnerung, wenn sie die von ihr gestattete Sitte, Moscheen über Gräber zu bauen, auf christliche Einflüsse zurückführt. (Nur brauchte das nicht auf die abessinische Hiǵra und nicht auf christliche Einflüsse allein beschränkt zu werden.) Und Ibn Taimîja [1]) tut gar nicht so unklug, wenn er den Aberglauben seiner Glaubensgenossen gerade auch in Streitschriften unter der Adresse an Juden und Christen geißelt. Freilich hat er seine Polemik, zumal gegen den Kult an Muḥammad's Grab, bitter büßen müssen. Man schlägt ihn mit dem consensus aller Juristen, auch solcher von seinem eigenen ḥanbalitischen Ritus, schimpft ihn einen Zindîq (im späteren Wortsinne eines gottlosen Freigeistes) und kolportiert Schauergeschichten über sein eigenes Grab, in dem sich nach 3 Tagen eine gräßliche Schlange fand.

In den offiziellen *Fiqh*büchern ist man bekanntlich mit seinem Heiligengräberkult sehr zurückhaltend; sehr zurückhaltend ist auch der Zaidit. Es findet sich nur ein leiser Anfang kanonisiert, die *inâfa*, die »Erhöhung« des Grabes von Imâmen, hervorragenden Lehrern und Frommen über das sonst gesetzliche Maß der Spanne hinaus. Grabbauten bleiben offiziell wenigstens verboten [2]). Doch auch in ihren übrigen Schriften erscheint nicht ein speziell zaiditischer und so vielseitiger und so ins einzelne liturgisch durchgearbeiteter Heiligenkult, wie er bei den Imâmiten aus verhältnismäßig früher Zeit bezeugt ist. Aṭ Ṭûsî bietet in seinem *miṣbâḥ al mutaǵahhid* Berl. 3513 u. a. die Litaneien für die Zwölferheiligentage vom Ġadîr-ʿAlî-Fest in der Moschee zu Kûfa an. Wie grob massiv das Indulgentienwesen sich breit macht, dafür nur eine Probe über den Kerbelâtag: »Wer den Ḥusain b. ʿAlî — Friede sei über sie beide! — am ʿÂšûrâ'tage im Muḥarram besucht, so daß er einen Tag weinend bei ihm bleibt, wird einst vor Allâh — mächtig und erhaben ist er! — hintreten mit dem Lohn von 2000 ḥaǵǵ und 2000 ʿumra und 2000 hl. Kriegszügen« usw. Und — der Heilige hat ja keine sinnlichen Schranken mehr — »wem die Reise zu ihm an jenem Tage nicht möglich ist, der trete auf einen Felsen (ṣaḥrâ') oder das Dach seines Hauses, spreche den Friedensgruß in der Richtung nach Kerbelâ« usw. (fol. 288 a). Und Muḥammad b. ʿAlî b. Bâbûja (gest. 391/1001) gibt in seinem dickleibigen Enkomion

[1]) *Iqtiḍâ' aṣ ṣirâṭ al mustaqîm wa muḫâlafat (muǵânabat) aṣḥâb al ḥaǵîm* Cairo 1325 öfter z. B. p. 145 f.

[2]) *al muntazaʿ al muḫtâr* I, 274; Näheres in den *kawâkib an naiyira* Berl. 4884 fol. 36 a zu an Naḥwî, *tadkira* Berl. 4880 fol. 30 a.

auf den 8. Zwölferimam, den *ʿujûn aḫbâr ar Riḍâ* Berl. 9663, ein ausgeführtes Rituale für Mešhed Ṭûs, wohin er selbst i. J. 352/beg. 30. Jan. 963 zugleich in Stellvertretung für (*ʿan*) seinen Herrn, den Emîr as Saʿîd Ruknaddaula die Wallfahrt unternahm (fol. 301 a) ...»Friede über dir, o Freund (*walî*) Allâh's! Friede über dir, o du Erweis (*ḥuǵǵa*) Allâh's! Friede über dir, o du Licht Allâh's in den Finsternissen der Erde! Friede über dir, du Pfeiler der Religion! Friede über dir, du Erbe des Adam .... Noah... Abraham... Jesus, des hl. Geistes Gottes[1]... Muḥammad... ʿAlî...« (fol. 295 a). »Sei mir ein Fürsprecher am Tage meiner Not und meines Elends; am Tage, da mein Freund und mein Nächster für mich nicht eintreten kann; am Tage, da Vater und Mutter für mich nicht eintreten können... Bitte Allâh, der mich hat sehen lassen deine Stätte und mich hergeleitet hat, über dir den Friedensgruß zu sprechen und dich zu besuchen, daß er mich hinführe zu eurem Born und mich schmecken lasse euren Brunnen in den Paradiesesgärten...« (fol. 296 a). Daß zwischen all dem Weinen, Grüßen und Anrufen tapfer geflucht wird, ist selbstverständlich, aber vielleicht sind solche Flüche, die den siegreichen Feinden der Märtyrer gelten, menschlich noch begreifbarer als manches europäische Anathema.

Ausdrückliches freudiges Verständnis gerade für diesen Kult in Mešhed Ṭûs zeigt Ibn Bâbûja's jüngerer zaiditischer Zeitgenosse, unser Abû Ṭâlib an Nâṭiq in der *ifâda*. Da schließt sehr häufig die Vita eines Imâm etwa: Sein Grab ist bekannt und viel besucht[2]. Nun ist aber die genaue Stelle vom Grabe des ʿAlî selbst unbekannt, und diesem Umstand widmet der Verfasser den ganzen Schlußteil der ersten Vita: die gewissenlose Überlieferung der Nawâṣib trägt die Schuld an dieser Unsicherheit. Aus Neid über die Verehrung haben die Umaijaden und die noch schlimmeren ʿAbbâsiden »die Spuren der hl. Nachkommenschaft auslöschen« wollen. Aber »Allâh hat ihre List über ihren eigenen Hals gebracht und ihre Anschläge umgewandt«. Wenn auch das Reich an sie gekommen ist und ihre irdische Herrschaft noch besteht, so sind doch »ihre Spuren verwischt und ihre Gräber unbekannt«, »während die Spuren dieser reinen Nachkommenschaft

[1]) ist Apposition, also Identifikation von Jesus und hl. Geist.

[2]) In der *tatimma* (Fortsetzng zur *ifâda*) von ʿImâdaddîn Jaḥjâ b. ʿAlî al Qâsimî (gest. 1088/1677) wird der Besuch am Grabe des Imâm Aḥmad b. Jaḥjâ b. al Murtaḍâ (des Enzyklopädisten) in Ẓafîr (Iâqût III, 578) „*ḥaǵǵ*" genannt: Berl. 9665 fol. 75 a ..وقبره به بظفير حجّة [s. p.] مشهور — Eigenartig ist Maqrîzî II, 436, wonach das Haupt von Zaid b. ʿAlî selbst in Cairo liegen sollte und verehrt wurde; nach Ibn Ǵubair, ed. de Goeje, Leiden 1907, p. 45 handelte es sich um das Haupt seines Vaters Zain al ʿÂbidîn.

täglich zunehmen an Ehre und Herrlichkeit und Glanz und Licht«. — Besonders der letzte Satz, die Vertröstung und das Passionsverständnis ist beachtenswert im Munde eines Zaiditen. Und nun knüpft er an eben dieses Mešhed Ṭûs, das ja auch unserem geistvollen Islâmhistoriker [1]) seine Hamlet-Kirchhofgedanken eingab, auf seine Weise Betrachtungen über die Theodikee in der Weltgeschichte: da liegt nebeneinander ʿAlî ar Riḍâ und Hârûn ar Rašîd. Aber die meisten Besucher wissen gar nicht einmal, daß Hârûn dort begraben liegt und selbst die Feinde der Šîʿa, die es wissen, besuchen nur den Riḍâ, segnen sich in seinem Namen (eig. in ihm), erhoffen die Erhörung des Gebets in ihm, bringen ihre Nöte bei ihm vor und wenden sich nicht einmal zum Grabe des Hârûn und rechnen nicht mit ihm. Und »dabei ist Ḫorâsân der Ausgangspunkt der ʿabbâsidischen Mission, seine Bewohner waren die Helfer (*anṣâr*) des Schwarzen Reiches.« Und die Lehre: »Allâh's Sache steht über jeder Sache«!

In der jemenischen Zaidîja gelangte natürlich vor allem das Grab des Gründers al Hâdî n e b e n der Hauptmoschee in Ṣaʿda zum Rang eines Gnadenortes. Der Herausgeber der *Jaḥjawîja* meint im Nachtrag, sein [2]) Grab sei zu berühmt, als daß man die Segnungen und die Wallfahrten dahin zu beschreiben brauche; die Wohnungen in der Nähe seien so gesucht, daß man keine unter 1000 Dinar finden könne. Und dann berichtet er von einem der Anwohner, der habe einst während eines Krieges, als schon die ganze Umgebung verwüstet war, nachts allein in der Moschee bei verschlossenen Türen geschlafen. Da erwacht er und erblickt im Miḥrâb — es war heller Mondenschein — einen Mann von langer Gestalt und schönem Antlitz. Und als er ihn anreden will, schaut der Geheimnisvolle eine Zeitlang ihn an, verschwindet aus der Moschee, geht über die Gräber hin, steht lange am Grabe des Jaḥjâ und das »war das letzte, was ich von ihm sah«. — Natürlich stehen alle diese Sachen weder bei den Imâmiten [3]) noch bei den Zaiditen im offiziellen *fiqh*. Dort wird das ganze Kapitel vom *ḥaǵǵ* in der geläufigen Weise abgehandelt, und man legt sich andere Fragen vor, die bekannte: welche *Ḥaǵǵ*form die vortrefflichere sei. Sie wird von den Zaiditen nach Art der Šâfiʿiten und Mâlikiten entschieden, doch mit besonderer Hervorhebung des Möglichst-Vielen: die beste ist das *ifrâd*, wenn dem vollständigen *ḥaǵǵ* noch eine selbständige *ʿumra*

---

[1]) A. Müller, *Der Islam* II. S. 66.

[2]) Berl. 1299 fol. 57 b f.

[3]) Eine Ausnahme bildet ein »Praktisches Rechtsbuch« wir Ibn Bâbûja's *k. man lâ jaḥḍuruhu 'l faqîh*, wo z. B. im *bâb al ḥaǵǵ* auch die Wallfahrten zu den Gräbern der Fâṭima, des ʿAlî und der Imâme behandelt werden (Berl. 4782 fol. 174 a ff.)

folgt [1]). Die Imâmiten [2]) dagegen rücken das *tamattu'* an die erste Stelle, wozu sie wieder durch den besonderen Niederschlag, den gerade diese Form wegen ihrer Geschichte (s. oben S. 16) im hl. Buch gefunden hat (Sûre 2, 192), veranlaßt wurden, so daß sie auch hier wieder auf Grund der gleichen Stellung in den *uṣûl* neben die Ḥanbaliten geraten sind (oben S. 46). Ganz so unwirklich übrigens wie bei den Imâmiten, die Mekka oft kaum besuchten, muten die zaiditischen Untersuchungen nicht an. Sie hatten zeitweise an der Ka'ba ihr eigenes *maqâm* und zählten öfter den Šarîfen von Mekka zu ihrem *madhab* [3]).

---

[1]) An Naḥwî, *tadkira* Berl. 4880 fol. 45 a افضل الحجّ الافراد ان انضافت اليه عمرة بعد التشريق لا ان تجرّد فالقران وهما افضل من التمتّع

[2]) Vgl. bes. aṭ Ṭûsî, *tahdîb* Berl. 4785 fol. 318 a f. — Das innersunnitische *iḫtilâf* s. bei Snouck Hurgronje, *Het Mekkaansche feest* p. 83/84.

[3]) Snouck Hurgronje, *Mekka* I, 67 f. Ibn Ǵubair ed. de Goeje, Leiden 1907, p. 143.

Kapitel 6.

Die »Sekte« der Zaiditen.

Weitere kleine Unterschiede, hauptsächlich nur noch im Speiseritual, die aber das *iḫtilâf* des Kultus nicht mehr grundsätzlich verschieben, mögen einem anderen Zusammenhang überwiesen werden. Hier sei nur noch abschließend versucht, über die Einzelheiten hinaus einen prinzipiellen Leitsatz zur Bewertung der Differenzen zu gewinnen und die Kategorie zu suchen, unter der die Šî'a, hier unsere Zaiditen, sagen wir einmal als kirchliche Gemeinschaft dem Islâm einzugliedern sind. Sie einfach als fünften *maḏhab* neben die anderen zu setzen, haben sowohl die Gegner wie sie selbst trotz Ibn Ḥumaid (s. oben S. 51) durch ausgesprochenes anathema unmöglich gemacht. Um nun auch für den Kultus durch den Vergleich mit der katholischen und evangelischen Kirche die Frage des Konfessionalismus aufzuwerfen: Dieselbe Zahl — sit venia verbo — der Sakramente, ihre gleiche Grundform, dieselbe Würdigung der guten Werke! Die Merkmale unseres Konfessionalismus fehlen. Bliebe noch der Begriff S e k t e. Sekte im staatsrechtlichen Sinne kann uns hier nicht helfen. Denn wie Šî'iten in sunnitischen, so konnten umgekehrt diese in šî'itischen Ländern eine obrigkeitlich nicht anerkannte Religionsgemeinde darstellen. Sekte als geringe Minorität ist ein zu äußerlicher und relativer Maßstab. Und der bloße Umstand, daß die Zaiditen sich nur in einem kleineren abgelegenen Lande (und z. Zt. unter sunnitischer Oberhoheit) gehalten haben, darf ihnen noch nicht den Rang nehmen, den bei uns jede kleinstaatliche Evang. Landeskirche (auch unter einem katholischen Herrscher) beansprucht. Aber Sekte in religiös-kirchlicher Bedeutung: Jede den Anspruch auf Katholizität im ökumenischen Sinne erhebende religiöse Gemeinschaft wird durch die Erfahrung frühzeitig belehrt, daß sie nur eine menschlich-irdische Projektion der Idee vom Reiche Gottes ist. Sie muß den Anspruch, ein Acker von schierem Weizen, eine sichtbare »Gemeinde der Heiligen« wirklich zu s e i n , aufgeben. Demzufolge darf sie die Gültigkeit und Wirksamkeit ihrer kultischen Handlungen nicht von der inneren persönlichen Würdigkeit des Ministrierenden abhängig machen [1]). Der einzelne Gläubige muß die Gewißheit haben, daß die Gnadenmittel objektiv ex opere operato wirken — etwas anderes ist die subjektive Aneignung durch den einzelnen. Wo ein Kreis jene Unvollkommenheit und ihre Konsequenzen nicht anerkennen will, wird er zur Sekte. Der Montanist Tertullian [2]) kennt als sündenvergebende Kirche nur die »Kirche des Geistes« und als ihr Organ nur den »geistigen (pneumatischen) Menschen«. Der Donatist Cresconius [3]) spricht dem »Sünder das Recht zu taufen« ebenso ab wie dem Götzenanbeter. Gegen diesen sektiererischen Kirchenbegriff haben ein Optatus von Mileve [4]) und Augustin [5]) offen und ausdrücklich die Konsequenz aus der Tatsache gezogen, daß die Kirche sich häuslich in der Welt eingerichtet hatte. Und es ist bemerkenswert, mit welchem Eifer in der Zeit der Kirchenspaltung die Lutheraner [6]) und Reformierten [7]) und Römischen [8]), also »Konfessionen«, ihre Katholizität

---

[1]) Die persönliche sittliche Verantwortlichkeit des Geistlichen wird hierdurch natürlich nicht abgeschwächt, ebensowenig die kanonische irregularitas: jemand kann unter dem Titel »ex delicto« abgesetzt werden, während alle durch ihn geleisteten Amtshandlungen gültig bleiben.

[2]) *De pudicitia* cap. 21 fin. in Patrologia Migne Series Latina vol. II col. 1080.

[3]) S. bei AUGUSTIN, *Contra Cresconium Donat.* II. Cap. 27 ibid. vol. XLIII col. 486.

[4]) *De schismate Donat.* lib. V. cap. 4. ibid. vol. XI. col. 1052/3 »... omnes, qui baptitsant, operarios esse non dominos, et sacramenta per se cuncta esse non per homines«.

[5]) cf. *Breviculus Collationis cum Donat.* III cap. 16. ibid. vol. XLIII col. 641.

[6]) *Conf. Aug.* Art. VIII »...sacramenta et verbum... efficacia, etiamsi per malos exhibeantur« bei J. T. MÜLLER-KOLDE, *Die symbolischen Bücher der evang.-luth. Kirche.* 10. Aufl., Gütersloh 1907, S. 40. Vgl. *Apol.* IV ibid. 158: *Form. Conc.* II, 12, 7 ibid. 729.

[7]) 42 *Art. der anglik. Kirche* Art. 27 (Nr. 26 in der Zählung der 39 Art.) bei E. F. KARL MÜLLER, *Die Bekenntnisschriften der ref. Kirche*, Leipzig 1903, S. 515 »... neque per illorum (sc. ministrorum) malitiam effectus institutionum Christi tollitur aut gratia minuitur«, vgl. *Conf. Helv. Post.* XIX pr. ibid. 206; *Conf. Gall.* ibid. 228; *Erlauthaler* (Ungarn) *Bekenntnis* ibid. 335.

[8]) *Canones et Decreta Concilii Trid.* Sessio VII. de sacr. in gen., can. 12 (bei I. T. L. DANZ, *Libri symbolici Ecclesiae Rom.-Cath.* Vimariae 1836 p. 57) »Si quis dixerit, ministrum in peccato mortali existentem, modo omnia essentialia, quae ad sacramentum conficiendum aut conferendum pertinent, servaverit, non conficere aut conferre sacramentum: anathema sit. — Für die griechisch-katholische Kirche vgl. 'Ορθόδοξος ὁμολογία I, 'Ερώτησις 113, wo z. B. zum Mysterion der Beichte von seiten des Ministrierenden nur gefordert wird: „..ὥστε ὁ πνευματικὸς ὅπου δέχεται τοὺς λογισμοὺς τῶν μετανοούντων χριστιανῶν, νὰ εἶναι ὀρθόδοξος διατὶ ὁ αἱρετικὸς καὶ ὁ ἀποστάτης δὲν ἔχει δύναμιν τοῦ λύειν τὰς ἁμαρτίας. — Auch im *Talmud* sind z. B. die Annullierungsgründe für die Schlachtopfer, soweit sie in der Person des Opfernden liegen, nur ritueller Art: Laientum, Unreinheit, nicht vorschriftsmäßige Amtskleider.. *Zebâḥîm* II, Anfang, Mišna bei LAZ. GOLDSCHMIDT Bd. VIII 57 כל הזבחים שקבלו דמן זר אונן טבול יום ומחוסר כפורים ומחוסר בגדים שלא רחץ ידים ורגלים ערל טמא יושב על גבי כלי על גבי בהמה על גבי רגלי חברו פסל

betonen und nötigenfalls donatistisch gesinnte Anhänger energisch abschütteln. Der Islâm hat keine Gnadenmittel in unserm Sinne und folglich auch keinen Klerus. Aber da, wo er als Gemeinde auftritt, z. B. bei der gemeinsamen *ṣalât*, für die schon die Ordnung einen Kultleiter erfordert, sind doch auch ihm Gedanken aus der besprochenen Sphäre aufgestiegen. Und hier zeigt sich das echte Gefühl der Sunniten für Katholizität. Wenn auch ein Mâlik b. Anas [1]) noch eng dachte, wenn auch die Rechtsbücher [2]) auseinandersetzen, daß der Fromme zum Vorbeter besser sei als der Sünder (wie der Gelehrte besser als der Ungelehrte), so geben doch die bereits erwähnten Glaubensbekenntnisse, etwa das von al Aš'arî den sunnitischen consensus wieder: »Zu [3]) unserer Religion gehört es, daß wir Freitags oder an Festen beten hinter jeder Person, sie sei fromm oder nicht (Var. oder sündig). Das sind die Bedingungen für die gemeinsamen Gebete, wie es uns überliefert ist, daß 'Abdallâh, der Sohn [des Chalifen] 'Omar gebetet habe hinter al Ḥaǵǵâǵ.« Was gerade das Beispiel von al Ḥaǵǵâǵ bedeuten will, mag man ermessen, wenn man sich seiner berüchtigten Antrittspredigt zu Kûfa erinnert [4]). Und mit der ganzen ihm eigenen Verve bezeichnet es der streitbare spanische Ẓâhirit Ibn Ḥazm, — der alte Staatsminister von Kordova weiß, was menschliche Ordnung ist — als den »Gipfel der Verdorbenheit«, wenn gewisse Ḫâriǵiten Zaiditen, Râfiḍiten und Mu'taziliten behaupten, »das Gebet des Mitbetenden sei gebunden an das des Vorbeters« [5]). Fast wörtlich findet sich diese Behauptung aber bei unserem al Hâdî: die *ṣalât* ist nicht erlaubt unter Leitung eines Sünders: Weintrinkers, Unterschlagenden, Übertreters der rituellen Speisegebote, falschen Zeugen, »denn [6]) die

---

[1]) So nach *al muntaza' al muḫtâr* I, 181 unten und oft bei Zaiditen. Der Beleg aus dem *muwaṭṭa'* fehlt mir. Bei Ḫalîl p. 29 lin. 7 wird der فاسق بجارحة als Vorbeter abgelehnt. Ich gestehe, daß mir die Stellung der Mâlikiten Schwierigkeit macht.

[2]) Bei Qudûrî p. 12 lin. 7 unten: der *fâsiq* ist freilich *makrûh*; Abû Isḥâq aš Šîrâzî p. 14; Nawawî, *minhâǵ* p. 135 f.

[3]) W. Spitta, *Zur Geschichte Abu' l-Ḥasan al Aš'arî*'s Leipzig 1876, S. 136 u. 100

[4]) A. Müller, *Der Islam*, I S. 388.

[5]) *Milal wal ahwâ' wan niḥal*, Cairo 1317—21, Bd. IV, 176, lin. 8, 9, paenult. ult.

[6]) Wien cod. Glas. 63 fol. 19 b. قال يحيى بن الحسين صلوات الله عليه تجوز الصلوة خلف اهل الديانة والورع والعفاف والصدق والوفاء كائنا من كان من اعمى او مملوك او ولد زنى اذا كانوا عارفين بحدود الصلوة . . . ولا تجوز الصلوة خلف ذى جرأة فى دينه عندنا من فاسق ولا شارب مسكر ولا خائن امانة ولا صاحب كبيرة ولا ظالم ولا آكل حراما ولا جائر فى حكم

ṣalât der Mitbetenden ist geknüpft an die ihres Vorbeters«. »Die *ṣalât* eines Sünders wird nicht angenommen von Gott (Sûre 5, 30 fin.), ist ungültig, und wenn die *ṣalât* des Imâm ungültig ist, ist es auch die der Mitbeter.« Bemerkenswert ist, wie selbst hier, wo es sich um die Frage persönlicher Frömmigkeit handelt, der Muslim ritualistisch orientiert bleibt. Das zeigt das *qijâs* in der Beweisführung des Hâdî: Die sittliche Unwürdigkeit des Zelebrierenden mache die hl. Handlung ebenso ungültig, wie sein etwaiger Formfehler; wie z. B. wenn er allein etwas ausläßt, von allen die gesetzlich vorgesehenen Ersatzprosternationen zu leisten seien. Al Hâdî's Stellung verrät ihre religiöse Enge noch besonders durch eins: er konzentriert, eben im Gegensatz zu Sunniten, seine Ablehnung so auf den »Sünder«, daß er in einer anderen, äußerlichen Kategorie, der irregularitas ex defectu natalium [1]), beachtenswerte Weite zeigt, wenn er dem im Inzest Gezeugten das Vorbeteramt völlig zugesteht. — Von Imâmiten [2]) und Ḫâriǵiten [3]) sekundiert, führen die Zaiditen vom *taḥrîr* an bis zur jüngsten Glosse ihren Kampf weiter gegen den *fâsiq*. Natürlich fällt mit dem sündigen Imâm-Pastor auch — oder erst recht (s. oben S. 58) der sündige

---

ولا شاهد زور ولا عاقّ لوالديه ولا قابل رشوة فى حكم ولا معروف بالكذب
وقول الزور . . . لان صلوة المؤتمّين معقودة بصلوة امامهم يقومون بقيامه
ويقعدون بقعوده ويسلّمون بسلامه ويفسد عليهم من صلوتهم ما يفسد عليه
وصلوة من كان من الفاسقين غير مقبولة عند ربّ العالمين لان الله
يقول إِنَّمَا يَتَقَبَّلُ ٱللَّهُ مِنَ ٱلْمُتَّقِينَ واذا كان صلوة الامام غير مقبولة فهى
فاسدة باطلة واذا فسدت صلوة الامام عليه فسدت صلوة المؤتمّين به أَلَا
ترى انه لو سها ولم يسْهُ المؤتمّين به لَوَجب عليه وعليهم ان يسجدوا
سجدتى السهو وإن كانوا هم لم يسْهوا

[1]) Die *ṣifat al imâm* qua Vorbeter deckt sich nicht ganz mit der *ṣifat al îmâm* qua Herrscher, zumal sie relativ ist: auf die jeweilige Zusammensetzung der Gemeinde Bezug nimmt. Zu dem ex def. nat. zeigt ein Vergleich der verschiedenen *Fiqh*bücher auffälligerweise dieselben schwankenden Bedenken und Einschränkungen wie das Kanonische Recht, Vgl. Deuteronomium 23, 2; c. 8 (Jeronimus † 420) Dist. LVI (bei RICHTER-FRIEDBERG I, 221) »...nequaquam a sacerdotio repellitur«: aber c. 1 (ex consilio Pictaviensi 1087) X de fil. presb. I, 17 (bei R.-FR. II, 135) »...ex fornicatione nati ad sacros ordines non promoveantur«; doch wieder c. 1 (Bonifacius VIII † 1303) in VI^to de fil. presb. I, 11 (bei R.-FR. II, 978) »... Is qui defectum patitur natalium ex dispensatione episcopi licite potest... ad ordines promoveri m i n o r e s.

[2]) Al Ḥillî, *šarâ'i'* p. 45.

[3]) Aṭfîš I, 190.

Mu'aḏḏin-Küster [1]) und das sündige Gemeindeglied, welch letzterem das kirchliche Begräbnis verweigert wird (s. oben S. 64). Freilich gerade hierzu bringt an Naḥwî in der *taḏkira* (Berl. 4880 fol. 29 b) eine ganz einsilbige, aber sehr wichtige Notiz, die für die Frage nach der geschichtlichen Entwickelung des Sektiererischen innerhalb der Zaidîja von Bedeutung ist, im einzelnen aber noch der Bestätigung bedarf: Zaid selbst habe die Toten*ṣalât* für den Sünder gestattet. Wie dachte er wohl über den Sünder als Vorbeter? Auch später hat doch nicht jeder jene These ganz einfach nachgesprochen. In dem (oben S. 48) erwähnten Superkommentar zum *taḥrîr* aus dem 9./15. Jahrhundert notiert der Verfasser, aber nur im *iḫtilâf*, eine vereinzelte Interpretation, die die These wegexegesiert: »die *ṣalât* ist gültig unter Leitung eines Sündigen von der Šî'a, nicht eines [sündigen] Nâṣib« [2]). Der Mann hatte Wirklichkeitssinn. Man hat ihn überhört.

Doch die so schwere Frage nach der Wirklichkeit des *fiqh* braucht hier nicht durchgeprüft zu werden. Bei einem a priori unmöglichen Grundsatz ist schon die Gesinnung an sich entscheidend. Und da zwingt uns die sonst so realistische Zaidîja durch ihre Bindung des Gläubigen an des Ministrierenden »Religiosität, Frömmigkeit, Lauterkeit und Gerechtigkeit« — selbst wenn man diese Begriffe nicht zu tief ethisch auffassen will — ihr als religiöser Kultgemeinde das Prädikat der Sekte beizulegen. Und zur Sekte paßt die einseitige Hervorhebung des Gebetes als besten Werkes; zu einer Sekte die Möglichst-viel-Tendenz in der Fußwaschung, bei der Leichen*ṣalât* und im *ḥaǧǧ*. Zum Wesen der Sekten, die gemeinhin kein Verständnis für Doppelmöglichkeiten (cf. die Adiaphora) haben, die Verwerfung des *masḥ 'alâ 'l ḫuffain*; zu einer Sekte das Hereintragen der Besonderheiten bis in die Beerdigungs-*ṣalât*; zur Sekte die göttliche Begründung auch der Nebendinge wie des *aḏân*. Zur Sekte vielleicht auch der Anschluß an die zunächst asketische, dann dogmatisch entleerte Mu'tazila. Es drängt sich eine eigenartige Parallele auf, die ich nur vorsichtig andeuten möchte, um so vorsichtiger, als sie nicht allgemein gültig ist: Es gibt auch sonst die Erscheinung, daß von zwei Gruppen innerhalb Einer Religionsgemeinschaft die ecclesia eine kompakte Orthodoxie mit liberalen kirchlichen Forderungen verbindet, während die ecclesiola die Entblätterung der Dogmatik durch strenge Enge auf dem Gebiet des kirchlichen Lebens wett

[1]) *Al muntaza' al muḫtâr* I, 138 unten.

[2]) Berl. 4887 fol. 59 b ...عن عيسى بن احمد يصحّ خلف فاسق الشيعة لا خلف ناصبىّ

macht[1]). Zum Sektenbegriff stimmt auch vor allem das Bedürfnis nach ausschließlichen Sonderführern. Das ist keine Tautologie. Von der kirchlichen Seite aus betrachtet, will es für die ʿAlidenfrage besagen: nicht nur haben die politischen Anhänger des Prophetengeschlechts bei ihren Enttäuschungen religiöse Komplemente gesucht, sondern umgekehrt kamen ihnen auch religiös Bedürftige entgegen, die ihr Glück fanden in einem „consensus des hl. Hauses" (s. oben S. 18 f.). Wenn diese Formel nicht eine zur contradictio in adjecto gewordene sinnlose Entlehnung des sunnitischen *iǵmâʿ*-Prinzipes sein soll, möchte ich sie so verstehen: consensus! gewiß drängt alle Religion zur Gemeinschaft. Doch die kann ehrlichen, aber engen Gemütern — sagen wir einmal — zu groß werden. Auch im Islâm heißt es: Viele sind berufen, aber wenige sind auserwählt. Es ist wohl wahr, daß in einem Gemeinwesen die Kräfte weiterwirken, durch die es gegründet ist. Denkt man sich nun den Qor'ân mit seinen steten Predigten von der »Strafe eines schrecklichen Tages«, mit seiner Drohung gegen Sünder, Heuchler und Ungläubige in einer Zeit, als die Umwelt des einzelnen äußerlich nur »Gläubige« zählte, so gewinnt der religiöse Šîʿitismus den Charakter einer naturgemäßen Erscheinung, gewinnt auch die etwas nüchterne Zaidîja, die »beste unter der Šîʿa«, die, wie vor allem auch ihre bürgerrechtlichen Anschauungen darlegen können, vom Standpunkt des orthodoxen Muslim für den Šîʿitismus zu gut und für den Sunnitismus zu schlecht ist, an religionspsychologischem Interesse. Sie konnte nicht ein gewöhnliches islâmisches Gemeinwesen unter ʿalidischem Regiment werden. Aller Neigung zum ökumenischen Islâm wirkte das Erbteil aus der Zeit ihres Werdens entgegen, jenes durch Verfolgung und Mißgeschick gestärkte Bedürfnis nach Unterscheidung, welches bei ihr wie bei allen Sekten einen besonderen Akzent hineinlegt in die stehende Formel: »die (der Hölle) entrinnende Schar«.

[1]) Vgl. Orthodoxie und Pietismus im (deutschen) Protestantismus.

FSC
www.fsc.org
MIX
Papier | Fördert
gute Waldnutzung
FSC® C083411

Kolibri 360 GmbH
Ferdinand-Jühlke-Straße 7
99095 Erfurt, Deutschland
produktsicherheit@kolibri360.de